全国电力职业教育系列教材
职业教育电力技术类专业培训用书

AutoCAD
电气绘图

编著　赵灼辉
主审　王小泽　李根富

中国电力出版社
CHINA ELECTRIC POWER PRESS

内 容 提 要

本书为全国电力职业教育系列教材。

本书以 Q/GDW 232—2008《国家电网公司生产技能人员职业能力培训规范》为依据，认真分析电力行业各专业岗位的需求，以目前计算机绘图领域使用最为广泛的 AutoCAD 应用软件为切入点，适用于电力生产技能人员通用岗位技能考核培训而编写。在编写内容上突出针对性、典型性和实用性，深入浅出地阐述考核模块必备的知识内容，并涵盖电力行业最新的政策、标准、规程和规定等；在编写模式上将"培训规范"中的技能考核模块整合到电力生产在计算机绘图领域的基本任务中，既方便教学和考核，又强调基本理论和基本技能在生产实践中的应用。

本书可作为电力生产技能人员通用岗位技能考核培训教材，也可作为相关技术人员的参考用书。

图书在版编目（CIP）数据

AutoCAD 电气绘图 / 赵灼辉编著. —北京：中国电力出版社，2012.11（2021.11 重印）

全国电力职业教育规划教材

ISBN 978-7-5123-3702-2

Ⅰ. ①A⋯　Ⅱ. ①赵⋯　Ⅲ. ①电气制图－AutoCAD 软件－职业教育－教材　Ⅳ. ①TM02-39

中国版本图书馆 CIP 数据核字（2012）第 260574 号

中国电力出版社出版、发行

（北京市东城区北京站西街 19 号　100005　http://www.cepp.sgcc.com.cn）

三河市百盛印装有限公司印刷

各地新华书店经售

*

2012 年 12 月第一版　　2021 年 11 月北京第三次印刷

787 毫米×1092 毫米　16 开本　14 印张　340 千字

定价 28.00 元

版 权 专 有　侵 权 必 究

本书如有印装质量问题，我社营销中心负责退换

前　言

图形是人们表达和交流技术思想的重要工具。CAD（Computer Aided Design，计算机辅助设计）技术是将软件系统、硬件系统和人这三者有效地融合在一起，进行计算机辅助设计、分析、模拟仿真、加工集成等的综合应用系统。自 20 世纪 50 年代在美国根据数控机床的原理诞生了世界上第一台绘图机开始，计算机辅助绘图与设计已逐渐发展成为一门新兴的边缘学科，对现代科学技术和人类社会发展产生了深刻的影响。CAD 技术已成为先进制造技术的重要组成部分，是计算机在工程技术领域中最有影响的应用技术之一。CAD 技术的发展和应用水平已成为衡量一个国家工业现代化的重要标志，在一定程度上反映出一个国家的综合实力。

随着 CAD 技术的飞速发展和普及，越来越多的工程设计人员开始使用计算机绘制各种图形，从而解决了传统手工绘图中存在的效率低、绘图准确度差及劳动强度大等缺点。在目前的计算机绘图领域，AutoCAD 是使用最为广泛的绘图软件，已经被广泛应用于科学研究、电子、机械、建筑、航天、造船、石油、化工、土木工程、冶金、农业、气象、纺织、轻工等领域，并发挥着越来越大的作用。在电气工程领域，CAD 技术正日益深入到电能生产、传输及其使用的全过程中，在电力系统安全、可靠、经济地运行，各类电气设备和系统的设计、制造、管理、运行、测量、控制、维修和改造等各相关技术环节中应用都极其广泛。本书将侧重于 AutoCAD 软件在电力工程中基本应用的讲解，如电力系统图、原理图、接线图、安装图以及各种平断面图、明细表、接线表等施工图的绘制和应用等。

CAD 软件的学习一般不需要太多的理论知识，要想快速地掌握 AutoCAD 的操作技能，不仅要尽快熟悉操作界面和命令规则，更要善于思考，勤于实践。在目标明确、思路清晰、操作熟练的基础上才能做到得心应手、灵活应用。所以，建议读者在学习的过程中，首先要有明确的学习目标，选择合适的学习载体（培训机构或教材），多元化学习（老师讲授及多渠道自主学习相结合等）、多讨论交流、多动手实践，将自己的 CAD 技能不断提高。进入 21世纪以来，信息社会发展的脚步越走越快，给工程设计技术带来了一场巨大的变革，社会对人才的需求也呈现出新的变化趋势。为了更好地实施"人才强企"战略，加快培养高素质技能人才队伍，本书以 Q/GDW 232—2008《国家电网公司生产技能人员职业能力培训规范》为依据，认真分析电力行业各专业岗位的需求，以目前计算机绘图领域使用最为广泛的应用软件 AutoCAD 为切入点，适用于电力生产技能人员通用岗位技能考核培训而编写。在编写内容上突出针对性、典型性和实用性，深入浅出地阐述考核模块必备的知识内容，并涵盖电力行业最新的政策、标准、规程和规定等；在编写模式上将"培训规范"中的技能考核模块整合到电力生产在计算机绘图领域的基本任务中，既方便教学和考核，又强调基本理论和基本技能在生产实践中的应用。

本书根据"培训规范"中的技能考核模块，通过五个单元二十六个模块、四个典型应用实例的设计，循序渐进地介绍了使用中文版 AutoCAD 2008 绘制工程图的方法和技巧，内容主要包括 AutoCAD 基本知识、AutoCAD 的基本二维绘图、AutoCAD 的二维高级应用、AutoCAD 的三维应用和 AutoCAD 拓展应用等。每个培训单元下均配有对其考核模块的详细描述，对该模块的培训目标、内容、方式及考核要求进行了说明；同时还根据考核模块的内容特点设计了典型应用实例，每个典型的工程绘图任务均有任务描述和详细的操作步骤、操作指导等内容，在编写过程中力求做到目的明确、条理清楚、具有指导性，方便学员进行自学。根据培训规范职业能力的要求，Ⅱ、Ⅲ、Ⅳ三个级别的模块分别作为电力生产企业一线辅助作业人员、熟练作业人员和高级作业人员（班组长）的岗位技能培训内容。

　　本书的出版是四川省电力公司充分发挥企业培养高技能人才的主体作用，改进生产技能人员培训模式，推进培训工作转型，提高培训工作的针对性和有效性的重要举措，对于有效开展电网企业教育培训和人才培养工作具有积极的作用。本书是四川省电力公司提供经费研究开发的项目成果之一。

　　本书由四川电力职业技术学院具体组织编写，由赵灼辉编著并由四川电力设计咨询有限责任公司王小泽、李根富担任主审。限于编写时间和编者水平，书中难免有疏漏之处，请读者指正，不胜感激。

编　者

2012 年 8 月

目 录

AutoCAD 基本知识

【学习目标】

☞ 了解计算机辅助绘图与设计的应用领域、发展趋势，熟悉 AutoCAD 的主要功能和工作界面。

☞ 熟悉 AutoCAD 经典操作界面和命令基本规则，能熟练完成图形文件的管理。

☞ 熟练进行 AutoCAD 2008 中文版软件的启动、退出和图形文件管理的操作。

☞ 学会创建工程绘图的基本环境设置。

☞ 熟练使用 AutoCAD 精确作图的绘图工具。

☞ 熟悉点的基本输入方式，熟练进行 LINE 命令的操作。

【考核要求】

AutoCAD 基本知识的考核要求见表 1-1。

表 1-1
单元 1　考核要求

编　码	项目名称	质量要求	满分	扣 分 标 准
TYBZ00706001	AutoCAD 文件管理	根据监考人员提示下载、解压缩考试题；能熟练完成图形文件的管理，提交的图形文件夹内容完整，文件命名规范	5	按要求完成操作，不扣分；需要工作人员帮助才能完成操作扣 2 分
TYBZ00706002	设置系统参数与绘图环境	熟悉 AutoCAD 绘图环境的设置方法，能按要求熟练设置图层、线型、线宽、颜色、绘图单位、图纸大小等系统参数	5	未按要求设置图层及命名，每项扣 0.5 分，扣完为止
			2	未按要求设置线型及线型比例，每项扣 0.5 分，扣完为止
			2	未按要求设置线宽及其显示比例，每项扣 0.5 分，扣完为止
			2	未按要求设置图层颜色，每项扣 0.5 分，扣完为止
			2	未按要求设置绘图单位及精度扣 1 分
			2	未按要求设置绘图界限扣 1 分
TYBZ00706003	使用绘图工具栏	掌握工具栏显示和隐藏的方法，熟悉常用的绘图工具栏及功能	2	能根据需要熟练使用所需的工具栏，不能正确操作每项扣 1 分，扣完为止

模块 1　认识 AutoCAD（TYBZ00706001）

使用 AutoCAD，首先应了解 AutoCAD 的主要功能，熟悉 AutoCAD 的经典工作界面，掌握 AutoCAD 基本命令的输入及终止方式、创建新图、存储、打开图形文件等入门知识和绘图环境的设置。

一、AutoCAD 的主要功能

为了满足绘图和设计的需要，AutoCAD 软件提供了所需的各种功能，并且随着版本的升级，功能不断增强和完善。下面介绍该软件最常用的基本功能。

1. 二维图形绘制与编辑功能

用户不仅可以通过快捷工具栏、菜单命令及窗口执行命令的方法方便地绘制出各种基本图形，如直线、多边形、圆、圆弧、文字、尺寸等（在 AutoCAD 中称它们为"实体"或"对象"）；还可以用各种方式对单一或一组实体或对象进行修改，如移动、复制、缩放、删除修剪或分解等。熟练掌握编辑技巧会使绘图效率成倍地提高。

2. 三维图形绘制和渲染功能

AutoCAD 2008 以上的版本具有比以前版本更强大的三维功能，允许用户创建各种形式的基本曲面模型和实体模型；可以方便地按尺寸进行三维建模，生成三维真实感图形，并可实现三维动态观察，生成相应的平面视图。

3. 数据库管理功能

该功能可以将图形对象与外部数据库中的数据进行关联，而这些数据库是由独立于 AutoCAD 的其他数据库应用程序创建的。

4. 二次开发编程与高级语言的接口功能

作为通用 CAD 绘图软件包，AutoCAD 提供了开放的平台，允许用户对其进行二次开发，以满足专业设计要求。AutoCAD 允许用 Visual LISP、Visual Basic、VBA、Visual C++等多种工具对其进行开发。

5. 对 IGES 的支持功能，实现 CAD/CAM 系统间图形交换

IGES（Initial Graphics Exchange Specification）是目前各国广泛使用的国际标准数据交换格式，基于对 IGES、DXF 的支持，AutoCAD 图形文件可以方便地与目前国内外应用较广泛的 Pro/ENGINEER、MasterCAM、Unigraphics（简称 UG）、SolidWorks 等 CAD/CAM 软件进行图形文件格式的相互转换。

6. Internet 功能

AutoCAD 具有桌面交互式访问 Internet 的功能，并可将用户的工作环境扩展到虚拟的、动态的 Web 世界，使其能在任何时间、任何地点与任何人保持沟通，共享设计成果。

7. 图形的输入、输出与打印

用户可以将不同格式的图形导入 AutoCAD 或将 AutoCAD 图形以其他格式输出。AutoCAD 2008 允许将所绘图形以不同样式通过绘图仪或打印机输出，并允许后台打印。利用 AutoCAD 的布局功能，可以将二维或三维图形设置成不同的打印设置（如不同的图纸、不同的视图配置、不同打印比例等），以满足用户的不同需求。

8. 其他辅助功能

AutoCAD 2008 提供的图纸集管理功能、符号库和工具选项板功能等，可以更合理、有效地管理图形文件，提供绘图的效率。

二、AutoCAD 的工作界面

1. AutoCAD 工作空间模式及界面组成元素

AutoCAD 2008 以上的版本为用户提供了"二维草图与注释"、"三维建模"和"AutoCAD 经典"三种工作空间模式。默认状态下，打开"二维草图与注释"工作界面，

其界面主要由菜单栏、"面板"选项板、工具栏、绘图窗口、文本窗口与命令行、状态栏等元素组成，如图 1-1 所示。"AutoCAD 经典"沿袭了各版本的基本操作模式，其工作界面包括菜单栏、修改工具栏、工具选项板、绘图窗口、文本窗口与命令行、状态栏等元素，如图 1-2 所示。

图 1-1　AutoCAD 2008 "二维草图与注释"工作界面

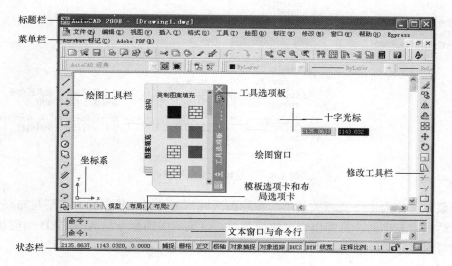

图 1-2　"AutoCAD 经典"工作界面

AutoCAD 2009 以上的版本其工作界面有了很大变化，主要采用"功能区"式的工作界面。图 1-3 所示为 AutoCAD 2010 版"二维草图与注释"工作界面，用户可根据自身的操作习惯和工作任务要求在界面右下方状态栏"切换工作空间"进行工作空间的切换。

2. 下拉菜单与快捷菜单

AutoCAD 软件菜单栏主要由"文件"、"编辑"、"视图"等菜单组成，它们几乎包括了

AutoCAD 中全部的功能和命令。下拉菜单的操作模式如图 1-4 所示。

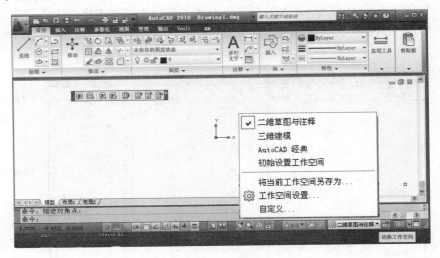

图 1-3　　AutoCAD 2010 版"二维草图与注释"工作界面

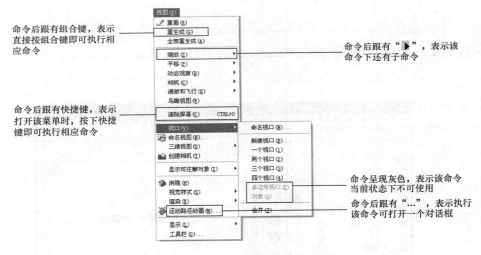

图 1-4　　下拉操单的操作模式

　　快捷菜单又称为上下文相关菜单。在绘图区域、工具栏、状态行、模型与布局选项卡以及一些对话框上右击时，将弹出一个快捷菜单，该菜单中的命令与 AutoCAD 当前状态相关。使用它们可以在不启动菜单栏的情况下快速、高效地完成某些操作。

　　3. 工具栏

　　工具栏是应用程序调用命令的另一种方式，它包含许多由图标表示的命令按钮。在 AutoCAD 中，系统共提供了 20 多个已命名的工具栏。默认情况下，"工作空间"工具栏和"标准注释"工具栏处于打开状态。

　　如果要显示或关闭某一工具条，可将光标放置在任一工具条上，单击鼠标右键，弹出一个工具条快捷菜单，如图 1-5 所示。点取某一选项，即可打开或关闭相应的工具条。

　　也可以通过打开"视图"菜单下的工具栏对话框自定义用户界面来定制工具栏。

（a）　　　　　　　　　　　　　　　　　　（b）

图 1-5　"工作空间"工具栏与"标准注释"工具栏

（a）"工作空间"工具栏；（b）"标准注释"工具栏

4. 绘图窗口

在 AutoCAD 中，绘图窗口是绘图工作区域，所有的绘图结果都反映在这个窗口中。可以根据需要关闭其周围和里面的各个工具栏，以增大绘图空间。如果图纸比较大，需要查看未显示部分时，可以单击窗口右边与下边滚动条上的箭头，或拖动滚动条上的滑块来移动图纸。

绘图区是显示绘制图形的区域。鼠标光标进入绘图状态时，在绘图区显示十字光标，当光标移出绘图区指向工具栏、下拉菜单等项时，光标显示为箭头形式。在绘图区左下角显示有坐标系图标，AutoCAD 默认的坐标系原点（0，0）是图幅左下角点，但应注意，坐标系可由用户自定义改变。绘图窗口的底部有"模型"、"布局 1"、"布局 2"三个选项卡，它们用来控制绘图工作是在模型空间还是在图纸空间进行。AutoCAD 的默认状态是在模型空间，一般的绘图工作都是在模型空间进行，单击"布局 1"或"布局 2"选项卡可进入图纸空间，图纸空间主要完成打印输出图形的最终布局。如进入了图纸空间，单击模型选项卡即可返回模型空间。如果将鼠标指向任意一个选项卡单击右键，可以使用弹出的右键菜单新建、删除、重命名、移动或复制布局，也可以进行页面设置等操作，如图 1-2 所示。

5. 命令行与文本窗口

"命令行"窗口位于绘图窗口的底部，用于接收输入的命令，并显示 AutoCAD 提示信息。在 AutoCAD 2008 中，"命令行"窗口可以拖放为浮动窗口，如图 1-6 所示。

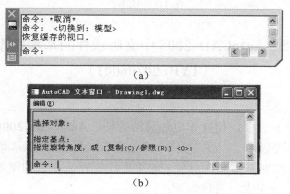

（a）

（b）

图 1-6　"命令行"窗口与文本窗口

（a）命令窗口；（b）文本窗口

"文本窗口"可通过快捷键 F2 或菜单栏"视图"→"显示"→"文本窗口"打开，文本窗口也可用于接收输入的命令，并显示 AutoCAD 提示信息，如图 1-6（b）所示。

6. "面板"选项板

面板是一种特殊的选项板，用于显示与基于任务的工作空间关联的按钮和控件，AutoCAD 2008 增强了该功能。它包含了 9 个新的控制台，更易于访问图层、注释缩放、文字、标注、多重引线、表格、二维导航、对象特性以及块属性等多种控制，提高工作效率。

通过"工具"菜单→"选项板"→"面板"即可打开面板，如图 1-7 所示。

7. 状态栏

状态栏用来显示 AutoCAD 当前的状态，如当前光标的坐标、命令和按钮的说明等，如图 1-8 所示。

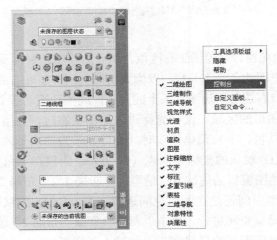

图 1-7　面板选项板

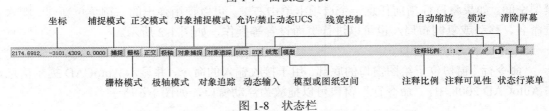

图 1-8　状态栏

模块 2　AutoCAD 2008 中文版软件的基本操作规则
（TYBZ00706001）

1. 命令的输入

为了满足不同用户的需要，使操作更加灵活方便，AutoCAD 2008 提供了多种方法来实现相同的功能。例如：可以用"绘图"菜单、"绘图"工具栏、"屏幕菜单"、绘图命令和"面板"选项板五种方法来绘制基本图形对象。如果要绘制较为复杂的图形，还可以使用"修改"菜单和"修改"工具栏来完成。具体如下：

（1）单击菜单栏中对应的下拉菜单中的命令。

（2）单击工具栏中的命令。

（3）在命令行中输入命令。这也是一种常用的命令输入方式，在命令行中既可以输入完整的英文命令，也可以输入命令别名或快捷键（热键）来实现，如可以输入"c"启动 CIRCLE（画圆）命令。这种方法的有效运用可以提高作图的速度。

（4）打开屏幕菜单，选择其中的子菜单输入命令。

（5）单击"面板"选项板集成的"图层"、"二维绘图"、"注释缩放"、"标注"、"文字"和"多重引线"等多种控制台中的按钮执行相应的绘制或编辑操作。

2. 命令的重复、撤消与重做

（1）当一个命令执行完，需要继续执行该命令时，可按 Enter 键或空格键（在输入文字时除外）。

（2）在绘图区域中单击鼠标右键与按 ENTER 键的作用相同，即重复上一次使用的命令。

（3）当用键盘操作输入错误时，可用"Back Space"键删除出错字符。

（4）在操作过程中，可按"Esc"键中断激活的命令。

（5）在命令操作完成后，输入"U（Undo）"命令或点击工具栏 ↶ 取消上次操作或多次操作。

（6）撤消前面执行的命令后，还可以输入 OOPS 命令将其恢复或点击工具栏 ↷ 通过重做来恢复前面执行的命令。

3. 命令选项操作

在命令行中输入命令时，在激活的命令提示中，一般〈〉内的数值表示默认选项的当前设定值，按回车键可使用当前值；方括号内"/"分隔的选项，使用时应键入选项全称或开头的全部大写字母。命令提示行中的命令选项如图 1-9 所示。

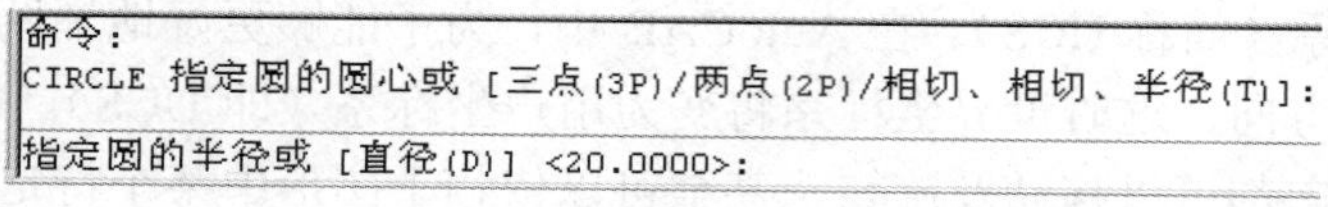

```
命令：
CIRCLE 指定圆的圆心或 [三点(3P)/两点(2P)/相切、相切、半径(T)]:
指定圆的半径或 [直径(D)] <20.0000>:
```

图 1-9 命令提示行中的命令选项

4. 命令参数的输入

（1）鼠标输入。在绘图时，确定一个点最为常用的方法就是用鼠标直接点取，另外还常常利用捕捉、极轴、追踪等辅助作图功能来精确确定一些特征点。在距离和角度的输入中也可以直接用鼠标在绘图区点两点，计算机会自动将两点的长度作为输入的距离或以两点拉出的角度作为输入的角度。这种通过鼠标直接确定点的输入方式在工程制图中应用较广。

（2）用键盘输入数值。在 AutoCAD 2008 中，大部分的绘图、编辑功能都需要通过键盘输入来完成。通过键盘可以输入命令、系统变量。此外，键盘还是输入文本对象、数值参数、点的坐标或进行参数选择的唯一方法。

5. 使用透明命令

在 AutoCAD 中，透明命令是指在执行其他命令的过程中可以执行的命令。常使用的透明命令多为修改图形设置的命令、绘图辅助工具命令，如 SNAP、GRID、ZOOM、CAL 等。

要以透明方式使用命令，应在输入命令之前输入单引号（'）。命令行中，透明命令的提示前有一个双折号（>>）。完成透明命令后，将继续执行原命令。

6. 使用系统变量

在 AutoCAD 中，系统变量用于控制某些功能和设计环境、命令的工作方式。系统变量通常是 6~10 个字符长的缩写名称。许多系统变量有简单的开关设置。例如：使用系统变量 FILL 可以打开或关闭宽线、宽多段线和实体填充，如图 1-10 所示。

操作如下：

命令：FILL↓（输入系统变量）

输入：FILL 新值 <OFF>：ON（输入系统变量的新值）↓

7. 使用坐标系

AutoCAD 软件在确定某点位置时使用坐标系统。AutoCAD 软件提供了世界坐标系

（WCS）和用户坐标系（UCS）两种坐标系统，它们都是通过坐标（x，y，z）来精确定位点的。

 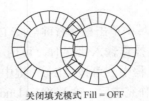

打开填充模式 Fill = ON　　　　　　　　关闭填充模式 Fill = OFF

图 1-10　系统变量 FILL

（1）世界坐标系（又称笛卡尔坐标系）。在默认情况下绘制图形，当前坐标系为世界坐标系（即 WCS），它包括 X 轴、Y 轴和 Z 轴（在二维图形中 Z 轴为零，且垂直于屏幕）。其坐标原点位于图形窗口的左下角（0，0，0）的位置，在世界坐标系中所有的坐标值都是相对于原点计算的，并且沿 X 轴向左为正，沿 Y 轴向上为正，沿 Z 轴向外为正。

（2）用户坐标系（简称 UCS）。在 AutoCAD 中，为了能够更好地辅助绘图，经常需要修改坐系的原点和方向，这时世界坐标系将变为用户坐标系（即 UCS）。UCS 的原点以及 X 轴、Y 轴、Z 轴方向都可以移动及旋转，甚至可以依赖于图形中某个特定的对象。尽管用户坐标系中三个轴之间仍然互相垂直，但是在方向及位置上却都更灵活。

该坐标系坐标轴符合右手定则。它在三维图形中应用十分广泛。

8. 数值的输入方法

当输入坐标、距离、角度等参数数值时，常用的坐标形式如下：

（1）输入绝对坐标。绝对坐标是指相对于当前坐标系坐标原点的坐标。当以绝对坐标的形式输入一个点时，常采用直角坐标（50，100）和极坐标（20<60）输入。

直角坐标是使用点在 X、Y、Z 轴上的值来定的，坐标值的输入方式是"X，Y，Z"，二维坐标值的输入方式是"X，Y"，坐标原点坐标为"0，0，0"，坐标值可以加正负号表示方向。

极坐标使用距离和角度来定位点。极坐标通常用于二维绘图。极坐标值的输入方式是"距离<角度"，其中距离是指从原点（或从上一点）到该点的距离，角度是连接原点（或从上一点）到该点的直线与 X 轴所成的角度。距离和角度也可以加正负号表示方向。

（2）输入相对坐标。相对坐标是指给定点相对于前一个已知点的坐标增量。相对坐标也有直角坐标（@50，100）和极坐标（@20<60）两种。

（3）输入位移量。可以从键盘上输入两个位置点的坐标，这两点的坐标差即为位移量。也可以在鼠标直接输入一个点的坐标后，利用极轴、正交等辅助工具在指定方向上通过键盘给定距离来输入下一个点的位置。

（4）角度的输入。当出现输入角度提示符时，需要输入角度值。一般规定，X 轴的正向为 0°方向，逆时针方向为正值，顺时针方向为负值。

模块 3　CAD 文件管理（TYBZ00706001）

1. AutoCAD 2008 中文版启动

方式一：双击桌面上 AutoCAD 2008 图标 ⬛ 。

方式二：【开始】→【程序】中启动。

2．创建新图形文件

启动 AutoCAD 时，AutoCAD 会自动新建一张图形文件名为"Drawing1.dwg"的图。在非启动状态下新建图，应用"新建"（NEW）命令。该命令可在 AutoCAD 工作界面下建立一个新的图形文件，即开始一张新工程图的绘制。

（1）输入命令。

方法一：从工具栏单击："新建"图标按钮▢。

方法二：从下拉菜单选取："文件"→"新建…"。

方法三：从键盘键入：NEW。

方法四：用快捷键输入：按下【Ctrl+N】组合键。

（2）命令的操作。输入"新建"命令之后，AutoCAD 2008 将弹出"选择样板"对话框，如图 1-11 所示。

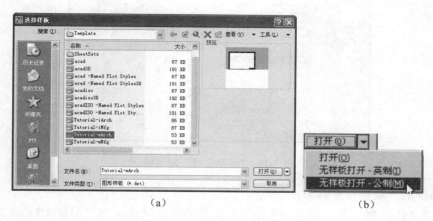

（a）　　　　　　　　　　　　　　　　（b）

图 1-11　"选择样板"对话框和"打开"下拉菜单

（a）"选择样板"对话框；（b）"打开"下拉菜单

在"选择样板"对话框中选择"acadiso"样板，即可新建一张默认单位为毫米、图幅为 A3、图形文件名为"Drawing2.dwg"（依次将为 Drawing3.dwg、Drawing4.dwg…）的图。也可单击"打开"按钮右侧的下拉按钮小黑三角，弹出"打开"的下拉菜单，从中选择"无样板打开-公制"选项，将新建一张与上相同的图。

对话框左侧的一列图标按钮用来提示图形存放的位置，它们统称为位置列。双击这些图标，可在该图标指定的位置保存图形，各项含义如下：

1）历史记录：显示最近保存过的几十个图形文件。

2）我的文档：显示在"我的文档"文件夹中的图形文件名和子文件夹。

3）收藏夹：显示在 C：\Windows\Favorites 目录下的图形文件和文件夹。

4）FTP：让你看到所列的 FTP 站点，FTP 站点是互联网用来传送文件的地方。

5）桌面：显示在桌面上的图形文件。

6）Buzzsaw：进入网站 http：\\www.Buzzsaw.com。这是一个 AutoCAD 在建筑设计及建筑制造业领域的 B2B 模式电子商务网站，用户可以申请账号或直接进入。

说明：在"位置列"上的任何图标，通过鼠标拖动，都能够使其重新排列。

3．打开图形文件

用"打开"（OPEN）命令可在 AutoCAD 工作界面下，打开一张或多张已有的图形文件。

（1）输入命令。

方法一：从工具栏单击："打开"图标按钮 。

方法二：从下拉菜单选取："文件"→"打开…"。

方法三：从键盘键入：OPEN。

方法四：快捷键输入：按下【Ctrl+O】组合键。

（2）命令的操作。输入"打开"（OPEN）命令之后，AutoCAD 将显示"选择文件"对话框，如图 1-12 所示。

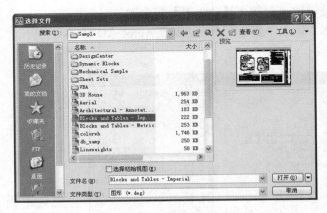

图 1-12　"选择文件"对话框

该对话框的一般操作步骤为：

1）在"文件类型"下拉列表中选择所需文件类型，默认项为"图形（*.dwg）"。

2）在"搜索"下拉列表中指定磁盘目录。

3）在中间列表框中选择要打开的图形文件名，若要打开多个图形文件，应先按住【Ctrl】键，再逐一选择文件名。若图形文件在某文件夹中，应先双击该文件夹，使其显示在下拉列表窗口中。若只打开一个图形文件，也可在下面"文件名"框中直接键入路径和图形文件名。

4）单击打开按钮即可打开图形文件。若单击取消按钮将撤消该命令操作。

4．保存图形文件

在 AutoCAD 中保存图形应用"保存"（QSAVE）命令，该命令将所绘工程图以文件的形式存入磁盘并且不退出绘图状态。

（1）输入命令。

方法一：从工具栏单击："保存"图标按钮 。

方法二：从下拉菜单选取："文件"→"保存"。

方法三：从键盘键入：QSAVE。

方法四：用快捷键输入：按下【Ctrl+S】组合键。

（2）命令的操作。在操作以 AutoCAD 默认图名"Drawing1"或"Drawing2"等命名的图形文件中，第一次输入"保存"命令时，AutoCAD 将弹出"图形另存为"对话框，如图 1-13 所示。

图1-13 图形文件保存对话框

该对话框的一般操作步骤为：

1）在"文件类型"下拉列表中选择所希望的文件类型，默认的文件类型是"AutoCAD 2007 图形（*.dwg）"。

2）在"保存于"下拉列表中选择文件存放的磁盘目录。

3）可单击创建新文件夹图标按钮，创建自己的文件夹。创建后，双击该文件夹使其显示在"保存于"下拉列表的当前窗口中。

4）在"文件名"编辑框中重新输入图形文件名（建议不要使用 AutoCAD 默认的图形文件名 Drawing1、Drawing2…）。

5）单击保存按钮即保存当前图形。

5. 另存图形文件

当需要将已命名的当前图形文件再另存一处（例如：要将计算机中的当前图形文件另存到 U 盘上）时，应用"另存为"（SAVEAS）命令。另存的图形文件与原图形文件不在同一路径下可以同名，在同一路径下必须另取文件名。

（1）输入命令。

方法一：从下拉菜单选取："文件"→"另存为"。

方法二：从键盘键入：SAVEAS。

方法三：用快捷键输入：按下【Ctrl+Shift+S】组合键。

（2）命令的操作。输入"另存为"命令之后，AutoCAD 将弹出 "图形另存为"对话框，重新指定目录及文件名，然后单击保存按钮完成操作。

模块4 工程绘图环境的基本设置：设置系统参数与绘图环境
（TYBZ00706002）

用户在绘制工程图时，应先熟悉 AutoCAD 绘图环境的设置方法，根据需要对图形单位，图纸大小，图层、线型、线宽、颜色等默认系统参数进行修改和设置，以确定一个最佳的、最适合自己习惯的系统配置，从而确保绘图的质量和速度。

一、修改系统配置

修改系统配置是通过操作"选项"（OPTIONS）命令所弹出的"选项"对话框来实现的。

从下拉菜单选取："工具"→"选项…"或从键盘键入 OPTIONS 命令，可弹出"选项"对话框。在"选项"对话框中有文件、显示、打开和保存、打印和发布、系统、用户系统配置、草图、三维建模、选择集、配置十个选项卡。

　　选择不同的选项卡，将显示不同的选项。以下介绍常用的四项修改。

　　1. 修改绘图区背景颜色

　　AutoCAD 2008 绘图区背景颜色的默认设置为黑色，用户也可以根据自己的习惯把背景颜色设置为其他颜色，可用"选项"（OPTIONS）命令改变绘图区的背景颜色。修改绘图区背景色为白色的操作步骤如下：

　　（1）从下拉菜单选取："工具"→"选项"或从键盘输入"OP"命令，弹出"选项"对话框，在"选项"对话框中单击"显示"选项卡。然后单击对话框"窗口元素"区中的"颜色…"，如图 1-14 所示。

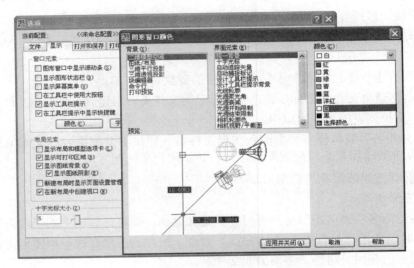

图 1-14　　"显示"选项卡下"选项"对话框

　　（2）在"图形窗口颜色"对话框的"背景"窗口中选择"二维模型空间"项，在"界面元素"窗口中选择"统一背景"项，在"颜色"下拉列表中选择"白色"项，然后单击应用并关闭按钮，返回"选项"对话框。若需要，可再选择另一个选项进行修改，修改完成后单击"选项"对话框中的确定按钮退出"选项"对话框，完成修改。

　　2. 更改图形文件的保存类型

　　AutoCAD 2008 保存图形的文件类型的默认设置是"AutoCAD 2008 图形（*.dwg）"，如果需要在较低的 AutoCAD 版本中打开 AutoCAD 2008 中绘制的图形文件，最好是修改图形文件保存默认设置。其操作步骤如下：

　　（1）单击"选项"对话框中的"打开和保存"选项卡，显示打开和保存的选项内容，如图 1-15 所示。

　　（2）打开文件保存区的"另存为"下拉列表，从中选择所希望的选项，图 1-15 选择的是"AutoCAD 2004/LT2004 图形（*.dwg）"文件类型。这样，在 AutoCAD 2008 中绘制的图形将可在 AutoCAD 2004 版本及其以上的版本中打开了。

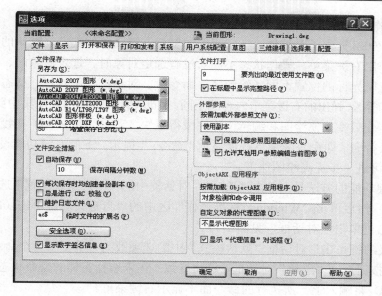

图 1-15　"打开和保存"选项卡下"选项"对话框

3. 按实际情况显示线宽

AutoCAD 2008 默认的系统配置不显示线宽，而且线宽的显示比例也很大。要按实际情况显示线宽，就应该修改默认的系统配置，设置按实际情况显示线宽的操作步骤如下：单击"选项"对话框中的"用户系统配置"选项卡，显示用户系统配置的内容。

单击左下角"线宽设置（L）…"按钮，弹出"线宽设置"对话框，在其中打开"显示线宽"开关，拖动"调整显示比例"滑块到距左边一格处（否则显示的线宽与实际情况不符）。其他选项可接受默认的系统配置，如图 1-16 所示。详细说明和操作见本书"线宽的设置与使用"部分内容。

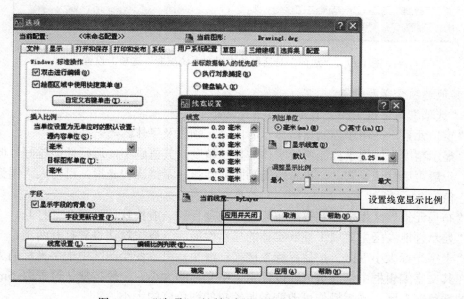

图 1-16　"选项"对话框中设置线宽"显示比例"

4. 根据操作习惯自定义右键

AutoCAD 2008 提供了对整体上下文相关的鼠标右键菜单的支持。默认的系统配置是单击鼠标右键可弹出右键菜单。操作状态不同（没有选定对象时、选定对象时、正在执行命令时）和单击右键时光标的位置不同（绘图区、命令行、对话框、工具栏、状态栏、模型选项卡和布局选项卡等），弹出的右键菜单内容就不同。AutoCAD 把常用功能集中到右键菜单中，有效地提高了工作效率，使绘图和编辑工作完成得更快。若将 AutoCAD 在没有选定对象待命的操作状态（待命，即命令区最下行仅显示"命令："提示）下的右键功能设置成"重复上一个命令"，将可进一步提高绘图速度。

自定义右键功能的方法是：单击"选项"对话框中的"用户系统配置"选项卡，其设置如图 1-17 所示。然后单击"Windows 标准操作"区中的"自定义右键单击（I）…"按钮，弹出"自定义右键单击"对话框，见图 1-17。

将"自定义右键单击"对话框"默认模式"中的选项改为"重复上一个命令"，然后单击"应用与关闭"按钮返回"选项"对话框。这将导致：在未选择实体的待命状态时，单击鼠标右键，AutoCAD 将输入上一次执行的命令而不显示右键菜单。

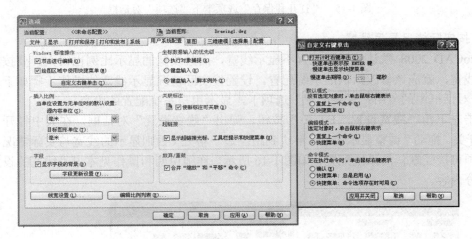

图 1-17　"选项"对话框的"用户系统配置"选项卡设置

5. 其他选项含义及设置

（1）"选项"对话框中的"显示"选项卡设置。

1）"窗口元素"区用于控制窗口显示的内容、颜色及字体。

2）"显示精度"区用于控制所绘实体的显示精度。其值越小，运行性能越好，但显示精度下降。一般可用默认设置。如果希望所画圆或圆弧显示得比较光滑，可增大"圆弧和圆的平滑度"值。

3）"布局元素"区用于控制有关布局显示的项目。一般按默认设置全部打开。

4）"显示性能"区主要用于控制实体的显示性能。一般按默认设置打开两项。

5）"十字光标大小"区。按住鼠标左键拖动滑块，可改变绘图区中十字光标的大小；也可直接在其文字编辑框中修改数值，以确定十字光标的大小，一般按默认设置取 5mm。"参照编辑的褪色度"区，同上操作可改变参照编辑的褪色度的大小。

（2）"选项"对话框中的"打开和保存"选项卡设置：除了可以设置 AutoCAD 打开和

保存文件的格式外，还可以设置文件的安全措施、列出最近打开的文件数量、外部参照、应用程序等。对该选项卡的设置一般使用默认设置，特殊需要时可修改它。

（3）"选项"对话框中的"系统"选项卡设置：主要用于设置基本选项、数据库连接选项、当前定点设备和当前三维图形显示等。对该选项卡的设置一般使用默认设置，特殊需要时可修改它。

（4）"选项"对话框中的"用户系统配置"选项卡设置：主要用于设置线宽显示的方式，让用户按习惯自定义鼠标的右键功能。它还可以修改 Windows 标准、坐标数据输入的优先级、插入比例、关联标注和字段设置等。

（5）"选项"对话框中的"三维建模"选项卡设置：用于设置和修改三维绘图的系统配置。该选项卡中可选择默认的三维十字光标、设置显示 UCS 图标的方式和设置三维导航相关参数等。对该选项卡的设置一般使用默认设置，特殊需要时可修改它。

（6）"选项"对话框中的"文件"选项卡：用于设置 AutoCAD 自动保存、查找支持文件的搜索路径等。

（7）"选项"对话框中的"配置"选项卡：用于创建新的配置。

（8）"打印和发布"、"草图"和"选择集"三个选项卡，将在后面介绍。

二、确定绘图单位

用"单位"（UNITS）命令可确定绘图时的长度单位、角度单位、精度和角度方向。

操作方法如下：

方法一：从下拉菜单选取："格式"→"单位…"。

方法二：从键盘键入：UNITS。

输入命令后，AutoCAD 2008 将显示"图形单位"对话框，如图 1-18 所示。设置长度单位为"小数"（即十进制），其精度为 0.0000；设置角度单位为"十进制度数"，其精度为 0；单击"方向…"按钮，弹出"方向控制"对话框，一般使用默认状态。

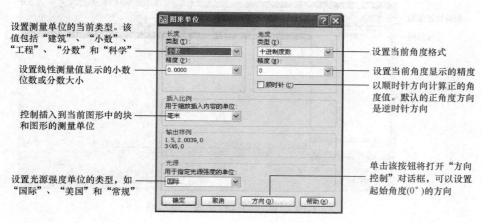

图 1-18　"图形单位"对话框

三、设置图纸大小

用"图形界限"（LIMITS）命令可确定绘图范围，相当于选图幅。应用该命令还可随时改变图幅的大小。

操作方法如下：

方法一：从下拉菜单选取："格式"→"图形界限"。

方法二：从键盘键入：LIMITS。

以选 A2 图幅为例：

命令：LIMITS　　　　　　　　　　　　　　——激活设置"图形界限"命令

指定左下角点或［打开（ON）/关闭（OFF）］<0.00，0.00>：↓

　　　　　　　　　　　　　　　　　　　　——接受默认值，确定图幅左下角图
　　　　　　　　　　　　　　　　　　　　　界坐标

指定右上角点<420.00，297.00>：　594，420↓　　——键入图幅右上角图界坐标

四、设置辅助绘图工具模式

辅助绘图工具模式指的是命令区下面状态栏中"捕捉"、"栅格"、"正交"、"线宽"、"模型"等开关，单击这些开关即可启用相关的绘图辅助工具，如图 1-8 所示。在绘图时将利用这些绘图工具准确绘制图形，这部分内容将在单元 2 中作详细介绍。

五、创建和管理图层

在 AutoCAD 中，任何图形实体都是绘制在图层上的。图层可以想象为透明的没有厚度的薄片，一般用来对图形中的实体进行分组，可以把具有相同属性的实体，如线型、颜色和状态，画在同一层上，使绘图、编辑操作变得十分方便。

1. "图层特性管理器"对话框的组成

图层是 AutoCAD 提供的一个管理图形对象的工具。可以利用 AutoCAD 提供的图层特性管理器，来创建图层以及设置其基本属性。选择"格式"→"图层"命令，即可打开"图层特性管理器"对话框，如图 1-19 所示。

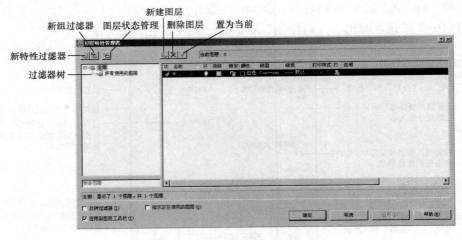

图 1-19　"图层特性管理器"对话框

2. 创建新图层

操作命令：

方法一：键盘输入：Layer（快捷键 LA）↓。

方法二：下拉菜单："格式（O）"→"图层（L）..."。

方法三：在"图层"工具条上，单击"图层特性管理器"图标按钮。

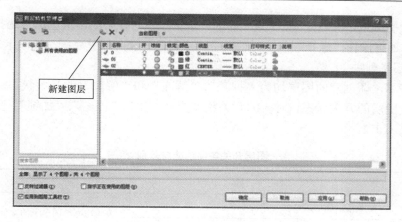

新建图层

图 1-20　新建图层的设置

新建图层的设置如图 1-20 所示，开始绘制新图形时，AutoCAD 将自动创建一个名为 0 的特殊图层。默认情况下，图层 0 将被指定使用 7 号颜色（白色或黑色，由背景色决定，本书中将背景色设置为白色，因此图层颜色就是黑色）、Continuous 线型、"默认"线宽及 normal 打印样式，用户不能删除或重命名该图层。在绘图过程中，如果用户要使用更多的图层来组织图形，就需要先创建新图层。

在"图层特性管理器"对话框中单击"新建图层"按钮，可以创建一个名称为"图层 1"的新图层。默认情况下，新建图层与当前图层的状态、颜色、线性、线宽等设置相同。

当创建了图层后，图层的名称将显示在图层列表框中，如果要更改图层名称，可单击该图层名，然后输入一个新的图层名并按 Enter 键即可。

3. 设置图层颜色

在图形中，常常需要用不同的颜色来区分不同的组件、功能和区域。图层的颜色实际上是图层中图形对象的颜色。每个图层都可设置自己的颜色，不同的对象也可以设置不同的颜色。

新建图层后，要改变图层的颜色，可在"图层特性管理器"对话框中单击图层的"颜色"列对应的图标，打开"选择颜色"对话框设置图层的颜色，如图 1-21 所示。AutoCAD 2008 提

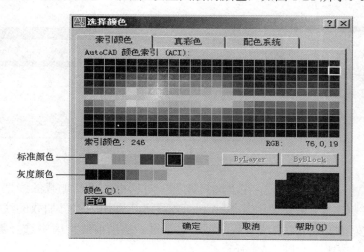

图 1-21　"选择颜色"对话框

供有 255 种索引颜色，并以 1～255 数字命名。选择颜色时，可单击颜色图标选择，也可输入颜色号选择，还可操作"选择颜色"对话框中"真彩色"和"配色系统"选项卡来定义颜色。

4. 控制图层开关

默认状态下，新创建的图层均为"打开"、"解冻"和"解锁"的开关状态。在绘图时可根据需要改变图层的开关状态，对应的开关状态为"关闭"、"冻结"、"加锁"。图层开关各项功能与差别见表 1-2。

表 1-2　　　　　　　　　　　　　　　　图层开关各项功能与差别

项目与图标	功　　能	差　　别
关闭	隐藏指定图层的画面，使之不显示	关闭与冻结图层上的实体均不可见。当不需要观察其他图层上的图形时，可利用冻结，以增加 ZOOM、PAN 等命令的执行速度。加锁图层上的实体是可以看见的，但无法编辑
冻结	冻结指定图层的全部图形，并使之不显示。注意：在绘图仪上输出时，冻结图层上的实体是不会被绘出的。另外，当前图层是不能冻结的	
加锁	对图层加锁。在加锁的图层上，可以绘图但无法编辑	
打开	恢复已关闭的图层，使图层上的图形重新显示出来	打开是针对关闭而设的，解冻是针对冻结而设的，同理，解锁是针对加锁而设的
解冻	对冻结的图层解冻，使图层上的图形重新显示出来	
解锁	对加锁的图层解除锁定，以使图形可编辑	

5. 设置图层线型

国家标准技术制图规范中明确规定了各类图线在图形中的含义，在 AutoCAD 中既可以通过图层指定对象的线型，也可以不依赖图层而明确地指定线型。为方便进行图层管理，一般通过图层来管理线型、颜色所属的实体对象。

在图层列表中单击"线型"列的 Continuous，打开"选择线型"对话框，如图 1-22 所示。在"已加载的线型"列表框中选择一种线型，然后单击"确定"按钮。

图 1-22　"选择线型"对话框

（1）加载线型。默认情况下，在"选择线型"对话框的"已加载的线型"列表框中只有 Continuous 一种线型，如果要使用其他线型，必须将其添加到"已加载的线型"列表框中。可单击"加载"按钮打开"加载或重载线型"对话框，从当前线型库中选择需要加载的线型，然后单击"确定"按钮，如图 1-23 所示。

（2）设置线型比例。默认情况下，各线型比例均设置为 1.0。可根据图形显示需要修改线型比例因子，选择"格式"→"线型"命令，打开"线性管理器"对话框，可设置图形中的线型比例，从而改变非连续线型的外观，如图 1-24 所示。详细操作见"设置线型"部分叙述。

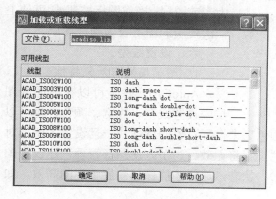

图 1-23　"加载或重载线型"对话框

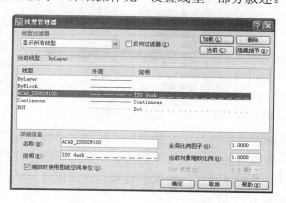

图 1-24　"线型管理器"对话框

6. 设置图层线宽

如要改变某图层的线宽，可单击"图层特性管理器"对话框中该图层的线宽值，AutoCAD 将弹出"线宽"对话框，如图 1-25 所示。在"线宽"对话框的列表框中单击所需的线宽，然后单击确定按钮可接受所作的选择并返回"图层特性管理器"对话框。

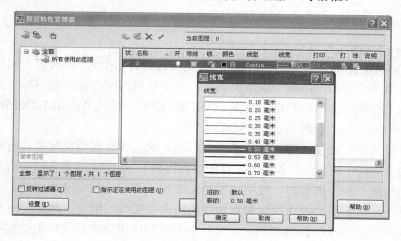

图 1-25　"线宽"对话框

7. 控制图层打印开关

默认状态下，图层的打印开关均为打开状态，单击打印开关可使之变为关闭状态。如果把一个图层的打印开关关闭，这个图层显示但不打印。如果一个图层只包括参考信息，可以指定这个图层不打印。"打印"开关后的"冻结新视口"开关用来控制布局中的视口。

8. 设置当前图层

在"图层特性管理器"对话框中选择某一图层名，然后单击对话框上部的"置为当前"按钮，就可以将该图层设置为当前图层。当前图层的图层名会出现在"当前图层："的显示行上。若将一个关闭的图层设置为当前图层，AutoCAD 会自动打开它。在 AutoCAD "图层"工具栏下拉"图层列表"中选择一个图层名，也可将该图层设为当前图层，如图 1-26 所示。

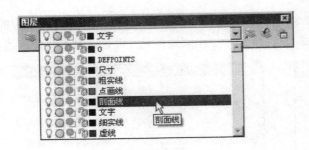

图 1-26 　用"图层"工具栏下拉"图层列表"设为当前图层

说明：操作"图层"工具栏上的图标 按钮可将所选实体的图层设为当前图层；操作图标按钮 可使上一次使用的图层设为当前图层。

六、设置线型

1. 图层属性与对象特性

AutoCAD 除了可以在前述的图层中设置线型、线宽、颜色，也可以通过"特性"工具栏中的"线型"、"线宽"、"颜色"来设置对象的特性，一旦设置了图形对象的特性，原图层中的线型、线宽、颜色的属性设置将无效。为了方便图形管理，建议将图中"对象特性"的状态设置为"随层（ByLayer）"状态，这样才能保证图层管理的高效，如图 1-27 所示。

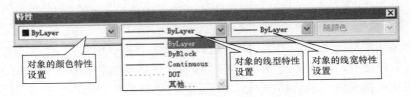

图 1-27 　对象特性状态的设置

2. 工程图中的线型设置

AutoCAD 2008 标准线型库提供的 59 种线型中包含有多个长短、间隔不同的虚线和点画线，只有适当地搭配它们，在同一线型比例下，才能绘制出符合技术制图标准的图线。下面推荐一组绘制工程图时常用的线型：实线 CONTINUOUS；虚线 ACAD ISO02W100；点画线 ACAD ISO04W100；双点画线 ACAD ISO05W100。

在绘制工程图中，要使线型符合技术制图标准，除了各种线型搭配要合适外，还必须合理设定线型的"全局比例因子"和"当前对象缩放比例"。线型比例用来控制所绘工程图中虚线和点画线的间隔与线段的长短。线型比例值若给的不合理，就会造成虚线、点画线长短、间隔过大或过小，常常还会出现虚线和点画线画出来是实线的情况。cadiso.lin 标准线型库中所设的点画线和虚线的线段长短和间隔长度，乘上线型比例值才是图样上的实际线段长度和间隔长度。线型比例值设成多少为合理，可根据实际要求设定。

注意：修改线型的"全局比例因子"，可改变该图形文件中已画出和将要绘制的所有虚线和点画线的间隔与线段长短；而修改线型的"当前对象的缩放比例"，只改变将要绘制的虚线和点画线的间隔与线段长短。如果需要修改已绘制的某条或某些选定的虚线和点画线的间隔与线段长短，一般是用"特性"对话框来改变它们的当前实体线型比例值。

七、线宽的设置与使用

绘制工程图应根据制图标准，为不同的线型赋予相应的线宽。默认情况下，新创建图层的线宽为"默认"（AutoCAD 2008 默认线宽为"0.25mm"），默认线宽值既可以在"选项"对话框中修改，也可以选择"格式"菜单→"线宽"命令，打开"线宽设置"对话框进行设置，通过调整线宽显示比例滑块，可以改变屏幕上线宽的显示效果，如图 1-28 所示。

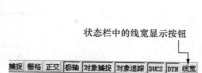

状态栏中的线宽显示按钮

图 1-28　"线宽设置"对话框与"线宽显示"按钮

当对象的线宽以一个以上的像素宽度显示时，会增加系统重生成时间。所以在 AutoCAD 默认的情况下，线宽显示处于关闭状态，只有打开状态栏上的"线宽"按钮，才能在屏幕上显示线宽，如图 1-28 所示。

需要说明的是，屏幕上所看到的线宽显示效果并非与实际设定值一致，为了使图形按制图标准所需的指定线宽值打印，又能保持屏幕显示的效果美观恰当，一般通过在"线宽设置"对话框的"调整显示比例"下移动滑动条，来调整线宽在屏幕上的显示效果。在电力工程图中，常用的线宽设置推荐：粗实线的线宽设置为 0.5～0.7mm，细实线、点画线、双点画线、折断线的线宽设置为 0.2～0.3mm，线宽显示比例滑块调整到一格左右，显示线宽与打印的实际线宽基本一致。

在模型空间中，线宽一般以像素显示，并且在缩放时不发生变化。因此，当需要精确表示对象的宽度时，不应该使用线宽设置，可以将线段转成多段线并设置其线宽。例如，如果要绘制一个实际宽度为 2mm 的对象，就不能使用线宽而应该用宽度为 2mm 的多段线来表现对象。

模块 5　绘图命令输入方式的操作（TYBZ00706003）

为了满足不同用户的需要，使操作更加灵活方便，AutoCAD 2008 提供了多种方法来实现相同的功能。例如，可以用"绘图"菜单、"绘图"工具栏、"屏幕菜单"、绘图命令和"面板"选项板五种方法来绘制基本图形对象。

一、使用"绘图"菜单

"绘图"菜单是绘制图形最基本、最常用的方法，其中包含了 AutoCAD 2008 的大部分绘图命令，如图 1-29 所示。

二、"绘图"工具栏

"绘图"工具栏中的每个工具按钮都与"绘图"菜单中绘图命令对应，单击即可执行相应的绘图命令，如图 1-30 所示。

三、使用"屏幕菜单"

"屏幕菜单"是 AutoCAD 2008 的另一种菜单形式，如图 1-31（a）所示。选择其中的"绘制 1"和"绘制 2"子菜单，可以使用绘图相关工具，如图 1-31（b）、（c）所示。

四、使用绘图命令

在命令提示行中输入绘图命令，按 Enter 键，即可根据命令行的提示信息进行绘图操作。AutoCAD 为一些比较常用的命令或菜单项定义了热键，用这种方法快捷、准确性高，但要求掌握绘图命令及其选择项的具体功能。这些命令的缩写内容记录在 AutoCAD 中 acad.pgp 文件，用户可以通过"工具"→"自定义"→"编辑程序参数"添加、删除或更改命令别名。

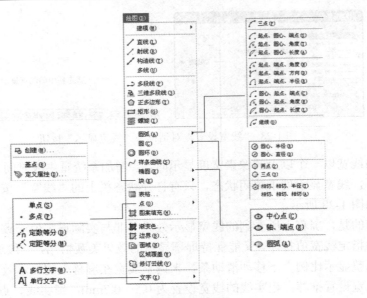

图 1-29　"绘图"菜单

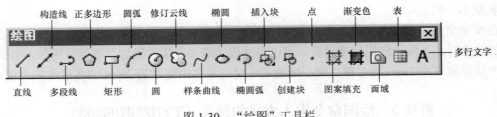

图 1-30　"绘图"工具栏

五、使用"面板"选项板

"面板"选项板集成了"图层"、"二维绘图"、"注释缩放"、"标注"、"文字"和"多重引线"等多种控制台，单击这些控制台中的按钮即可执行相应的绘制或编辑操作，如图 1-32 所示。

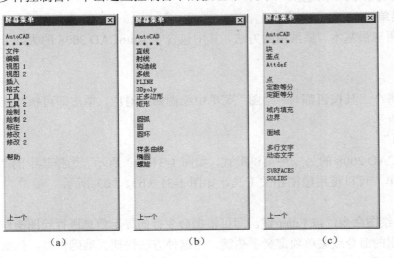

图 1-31　屏幕菜单及其子菜单
（a）屏幕菜单；（b）"绘制 1"子菜单；（c）"绘制 2"子菜单

图 1-32　"面板"选项板

综 合 实 例

利用 AutoCAD 创建一张基础样板图

【任务描述】

启动 AutoCAD 软件，新建图形。按照 A3（或 A4）图幅的基础电气图的要求设置绘图环境，绘制图框、标题栏等，并将其分别保存为图形文件和样板图文件。

【操作步骤】

步骤一： 打开 AutoCAD 2008 软件。在安装好 AutoCAD 2008 的 Windows 操作平台下，选择【开始】→【程序】→【Autodesk】→【AutoCAD 2008-Simplified Chinese】→【AutoCAD 2008】，打开 AutoCAD 2008 软件（或采用鼠标左键快速双击 AutoCAD 2008 桌面快捷方式打开软件）。

步骤二： 熟悉 AutoCAD 2008"二维草图与注释"工作界面的各项内容，如图 1-33 所示。

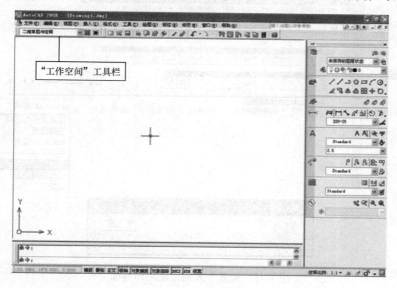

图 1-33　AutoCAD 2008"二维草图与注释"工作界面

步骤三： 切换工作空间。点击"工作空间"工具栏下拉列表，将"AutoCAD 经典"工作界面设置为当前，熟悉该工作界面的各项内容，并关闭浮动的"工具选项板"，如图 1-34 所示。

步骤四： 配置个人二维工作界面。将鼠标移至工具栏位置时（光标变为箭头），点击鼠标右键，在弹出的 AutoCAD 常用工具栏中选择打开"标注"、"对象捕捉"工具栏，并点击工具栏中的蓝色区域，将其移动至绘图区外的合适位置；然后从"工作空间"工具栏下拉列表中选择"将当前工作空间另存为"选项，将其配置为个人的二维工作界面，如图 1-35 所示。

步骤五： 进行绘图环境的八项基本设置。

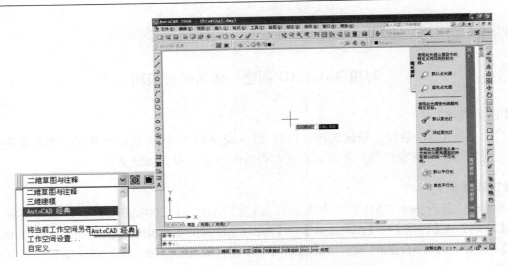

图 1-34 设置"AutoCAD 经典"工作界面

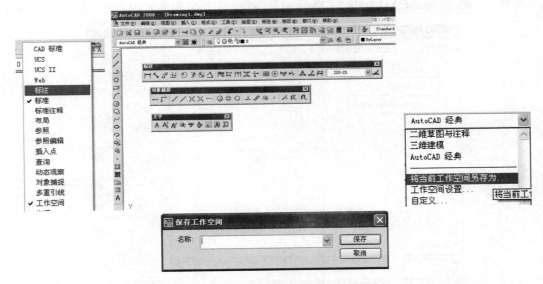

图 1-35 配置个人的二维工作界面

（1）新建图形文件。点击"新建"命令 ⬚，在打开的"选择样板"对话框中选择默认的 "acadiso.dwt"样板图创建一张新图（其默认图幅为 A3），如图 1-36 所示。

（2）文件保存。点击"保存"命令并指定相应路径，以"A3 样板图"为图名保存。

（3）修改 AutoCAD 默认系统配置。点击"工具"菜单下"选项"命令，打开"选项"对话框并修改 AutoCAD 默认的几项系统配置：选择"显示"选项卡，在"窗口元素"中点"颜色"修改绘图区背景颜色为白色，如图 1-37 所示。

选择"打开和保存"选项卡，设置文件默认保存的类型为"AutoCAD 2004/LT2004 图形（*.dwg）"或其他所希望的文件类型，如图 1-38 所示。

选择"用户系统配置"选项卡，选择"线宽设置"设置线宽显示比例滑块至左侧一格，按实际线宽显示，如图 1-39 所示。

图 1-36　新建文件中"选择样板"对话框

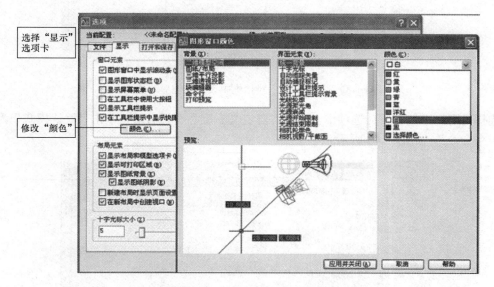

图 1-37　在"选项"对话框中修改绘图区背景颜色

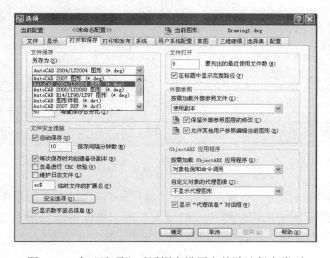

图 1-38　在"选项"对话框中设置文件默认保存类型

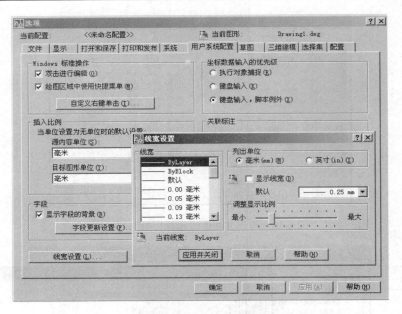

图 1-39　在"选项"对话框中设置线宽显示比例

选择"用户系统配置"选项卡，选择"自定义右键"设置右键，单击"默认模式"为"重复上一个命令"，如图 1-40 所示。

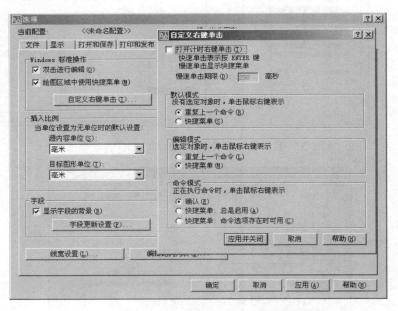

图 1-40　在"选项"对话框中进行"自定义右键"设置

（4）设置绘图单位。点击"格式"菜单→"单位…"，用打开"图形单位"对话框设置绘图单位，如图 1-41 所示。在工程绘图中一般要求长度、角度单位采用十进制，长度小数点后的位数保留 2 位，角度 0 位。

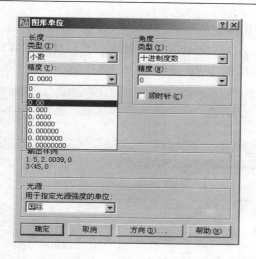

图 1-41　用"图形单位"对话框设置绘图单位

（5）用"图形界限"（LIMITS）命令设置图纸大小。

A3 图幅：X 方向长 420mm，Y 方向长 297mm；

A4 图幅：X 方向长 297mm，Y 方向长 210mm。

操作方法如下：

从下拉菜单选取："格式"→"图形界限"或键盘键入：LIMITS

命令：LIMITS↓

指定左下角点或 [打开（ON）/关闭（OFF）] <0.00，0.00>：↓

　　　——接受默认值，确定图幅左下角图界坐标为（0，0），需要改变该值可以输入
　　　　　坐标值或用鼠标左键点击指定（修改图纸大小时，一般建议不改变该值）

指定右上角点<420.00，297.00>：↓

　　　——键入图幅右上角图界坐标（当左下角坐标为 0，0 时，括号中的默认数值表
　　　　　示图纸的长为 420，宽为 297，为 A3 图幅，如需改为 A4 图幅，则需将坐
　　　　　标改为 297，210）。

（6）打开状态栏上的"极轴"、"对象捕
捉"和"对象追踪"（使用默认值），如图
1-42 所示。

捕捉 栅格 正交 极轴 对象捕捉 对象追踪 DUCS DYN 线宽

图 1-42　状态栏

（7）用"显示缩放"（ZOOM）命令使 A3 图幅全屏显示。

操作方法如下：

命令：Z↓

指定窗口角点，输入比例因子 （nX 或 nXP），或 [全部（A）/中心点（C）/动态（D）/
范围（E）/上一个（P）/比例（S）/窗口（W）] <实时>：a

　　　——选 A↓（使整张图全屏显示，打开栅格显示，可看到图纸的大小和位置）

命令：↓（重复上次命令）

　　　——输入 0.8↓（为画图幅线方便，再缩 0.8 倍显示）

（8）从下拉菜单选取："格式"→"线型"命令，在弹出的"线型管理器"对话框，加载

线型、设定线型比例，如图 1-42 所示。

加载线型：点画线（ACAD ISO04W100）、虚线（ACAD ISO02W100）、双点画线 （ACAD ISO05W100）；设全局线型比例为 "0.35"，见图 1-43。

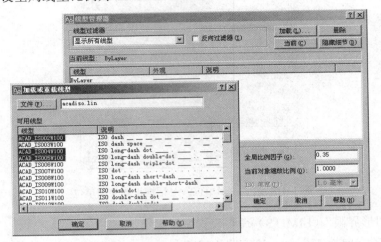

图 1-43　在 "线型管理器" 对话框中加载线型、设定线型比例

（9）从下拉菜单选取："格式" → "图层" 命令，在弹出的 "图层" 对话框中建图层，设颜色、线型和线宽，如图 1-44 所示。"图层" 对话框设置各参数见表 1-3。

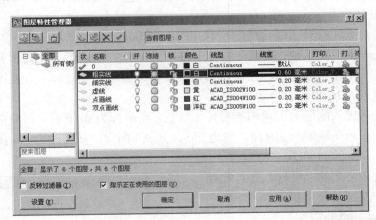

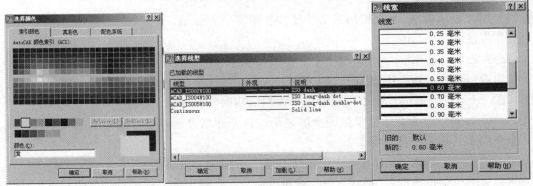

图 1-44　在 "图层" 对话框中建图层，设颜色、线型和线宽

表 1-3 "图层"对话框设置各参数

图层名	颜色设置	线型设置	线宽设置
粗实线	白色（或黑色）	实线（CONTINUOUS）	0.6 mm
细实线	白色（或黑色）	实线（CONTINUOUS）	0.2 mm
虚线	黄色	虚线（ACAD ISO02W100）	0.2 mm
点画线	红色	点画线（ACAD ISO04W100）	0.2 mm
双点画线	品红	双画线（ACAD ISO05W100）	0.2 mm

步骤六：用"直线"（LINE）命令绘制 A3 图框和标题栏，如图 1-45 所示。

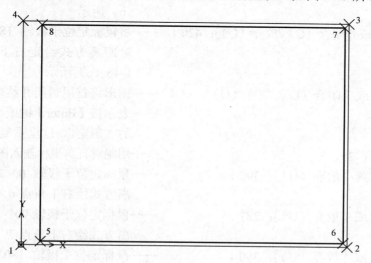

图 1-45 画图框和标题栏

该图框为国家技术制图标准规定的装订格式。绘制时，图幅线（细实线）沿栅格外边沿绘制，图框线（粗实线）周边离图幅线装订边为 25mm，其余均为 5mm。标题栏格式如图 1-45 所示。标题栏内格线均是细实线，外边线为粗实线。应注意：图中所示粗实线必须画在"粗实线"图层，细实线必须画在"细实线"图层。

1. 用 LINE 命令绘制图框和标题栏（见图 1-46）

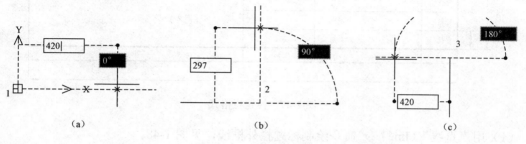

（a）　　　　　　　　　（b）　　　　　　　　　（c）

图 1-46 绘制图纸边界步骤

操作方法如下：

方法一：从工具栏单击："直线" 图标按钮。

方法二：从下拉菜单选取："绘图"→"直线"。

方法三：从键盘键入：L↓（快捷键，该命令的简化输入）。

（指定第一点）：0，0↓　　　　　　　　——图纸边界左下脚点从原点开始绘制也可用鼠标给定起始点 1

指定下一点或［放弃（U）］：420↓　　——将鼠标定位于极轴 0°方向，直接输距离方式给定右下角点 2，如图 1-46（a）所示

指定下一点或［放弃（U）］：297↓　　——将鼠标定位于极轴 90°方向，直接输距离方式给定右下角点 3，如图 1-46（b）所示

指定下一点或［闭合（C）/放弃（U）］：420↓　——将鼠标定位于极轴 180°方向，直接输距离方式给定右下角点 4，如图 1-46（c）所示

指定下一点或［闭合（C）/放弃（U）］：c↓　——图形将首尾封闭并结束命令

命令：↓　　　　　　　　　　　——表示按【Enter】键或选择右键菜单中的"确定"，这里重复直线命令

指定第一点：25，5　　　　　　——用绝对直角坐标输入图框左下角点 5

指定下一点或［放弃（U）］：390↓　　——鼠标定位于极轴 0°方向，直接给距离方式绘右下角点 6

指定下一点或［放弃（U）］：287↓　　——鼠标定位于极轴 90°方向，直接给距离方式绘右上角点 7

指定下一点或［放弃（U）］：390↓　　——鼠标定位于极轴 180°方向，直接给距离方式绘左上角点 8

指定下一点或［闭合（C）/放弃（U）］：c↓　——图形将首尾封闭并结束命令，如图 1-45所示

2. 绘制标题栏（尺寸如图 1-47 所示）

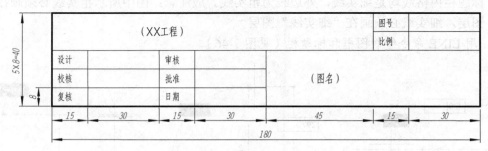

图 1-47　标题栏格式

（1）用"直线"（line）／命令绘制标题栏外框线，见图 1-48。

命令：L↓

（指定第一点）：from↓　　　　　　　——在定位点提示下，输入 from，然后指定基点，可以输入自该基点的相对坐标来

确定点的位置

基点：　　　　　　　　　　　　——用鼠标指定图框的右下角 1 作为基点

<偏移>：@0，40　　　　　　——从基点 1 来测算 2 点的相对坐标，作为
　　　　　　　　　　　　　　　绘制图框的起点

指定下一点或［放弃（U）］：180　　——鼠标定位于 180°方向，直接给图框上
　　　　　　　　　　　　　　　的左上角点 3

指定下一点或［放弃（U）］：40　　——鼠标定位于 90°方向，直接给图框上的
　　　　　　　　　　　　　　　右下角点 4

指定下一点或［闭合（C）/放弃（U）］：↓ ——效果如图 1-48 所示

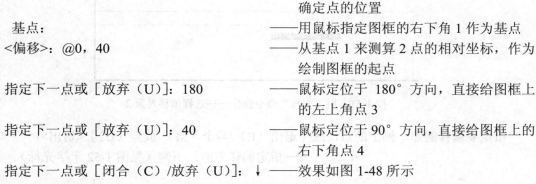

图 1-48　用"直线"命令绘制标题栏外框线

（2）用"偏移"（offset）命令绘制标题栏内框线。

命令：o↓　　　　　　　　　　——用"偏移"命令的快捷输入方式激活命令

指定偏移距离或［通过（T）/删除（E）/图层（L）］<15.0000>：　8↓
　　　　　　　　　　　　　　——输入偏移距离 8

选择要偏移的对象，或［退出（E）/放弃（U）］<退出>：
　　　　　　　　　　　　　　——选择偏移对象 1（见图 1-49）

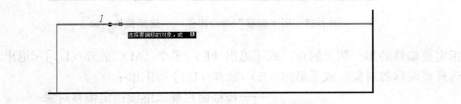

图 1-49　用"偏移"命令操作——选择偏移对象 1

指定要偏移的那一侧上的点，或［退出（E）/多个（M）/放弃（U）］<退出>：
　　　　　　　　　　　　　　——指定偏移对象的方向：下侧（见图 1-50 十字光标）

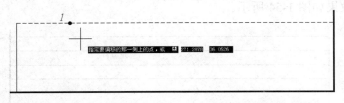

图 1-50　用"偏移"命令操作——指定偏移对象的方向

选择要偏移的对象，或［退出（E）/放弃（U）］<退出>：
　　　　　　　　　　　　　　——继续选择偏移对象 2（见图 1-51）

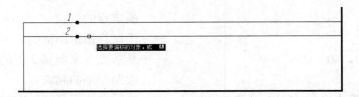

图 1-51　用"偏移"命令操作——选择偏移对象 2

指定要偏移的那一侧上的点，或［退出（E）/多个（M）/放弃（U）］＜退出＞：
　　　　　　　　　　——指定偏移方向：下侧（见图 1-52 十字光标）

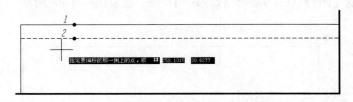

图 1-52　"偏移"命令操作——指定偏移对象的方向

选择要偏移的对象，或［退出（E）/放弃（U）］＜退出＞：
　　　　　　　　　　——继续选择偏移对象 3（见图 1-53）

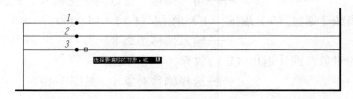

图 1-53　用"偏移"命令操作——选择偏移对象 3

指定要偏移的那一侧上的点，或［退出（E）/多个（M）/放弃（U）］＜退出＞：
选择要偏移的对象，或［退出（E）/放弃（U）］＜退出＞：
　　　　　　　　　　——按标题栏要求继续指定偏移对象
指定要偏移的那一侧上的点，或［退出（E）/多个（M）/放弃（U）］＜退出＞：
　　　　　　　　　　——指定偏移方向
选择要偏移的对象，或［退出（E）/放弃（U）］＜退出＞：↓
完成操作，效果如图 1-54 所示。

图 1-54　用"偏移"命令绘制标题栏水平框线

命令：↓——重复偏移 OFFSET 命令

指定偏移距离或［通过（T）/删除（E）/图层（L）］<8.0000>：15↓
　　　　　　　　　　　——输入偏移距离 15
选择要偏移的对象，或［退出（E）/放弃（U）］<退出>：
　　　　　　　　　　　——选择偏移对象 a（见图 1-55）

图 1-55 "偏移"命令操作——选择偏移对象 a

指定要偏移的那一侧上的点，或［退出（E）/多个（M）/放弃（U）］<退出>：
　　　　　　　　　　　——指定偏移对象的方向：右侧（见图 1-56 十字光标）

图 1-56 "偏移"命令操作——指定偏移对象的方向

选择要偏移的对象，或［退出（E）/放弃（U）］<退出>：↓
命令：↓ OFFSET　　　　　　——重复偏移 OFFSET 命令
指定偏移距离或［通过（T）/删除（E）/图层（L）］<15.0000>：30↓
　　　　　　　　　　　——输入偏移距离 30
选择要偏移的对象，或［退出（E）/放弃（U）］<退出>：
　　　　　　　　　　　——继续选择偏移对象 b（见图 1-57）

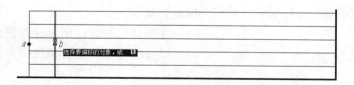

图 1-57 "偏移"命令操作——选择偏移对象 b

指定要偏移的那一侧上的点，或［退出（E）/多个（M）/放弃（U）］<退出>：
　　　　　　　　　　　——指定偏移对象的方向：右侧（见图 1-58 十字光标）

图 1-58 "偏移"命令操作——指定偏移对象的方向

选择要偏移的对象，或［退出（E）/放弃（U）］＜退出＞：↓

依照标题栏的绘制要求，继续进行偏移操作，完成绘制标题栏框线效果如图 1-59 所示。

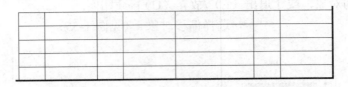

图 1-59　用"偏移"命令绘制标题栏框线

（3）用"修剪"（trim）命令编辑标题栏。

命令：tr↓　　　　　　　　　　　——用"修剪"命令的快捷输入方式激活命令；

当前设置：投影=UCS，边=无　　——提示当前设置状态

选择剪切边…

选择对象或 ＜全部选择＞：找到 1 个　——选择要修剪的边界，点选边界 1，此处如果直接回车确认，图中所有的图形对象均互为边界

选择对象：找到 1 个，总计 2 个　——选择要修剪的边界，点选边界 2

选择对象：找到 1 个，总计 3 个　——选择要修剪的边界，点选边界 3（见图 1-60）

选择对象：↓　　　　　　　　　——确认并退出修剪边界选择

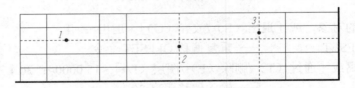

图 1-60　"修剪"命令操作——选择修剪边界

选择要修剪的对象，或按住 Shift 键选择要延伸的对象，或［栏选（F）/窗交（C）/投影（P）/边（E）/删除（R）/放弃（U）］：指定对角点：

　　　　　　　　　　　——选择修剪对象，用鼠标左键依次点 a、b 两点形成围框将修剪对象选中，如图 1-61 所示

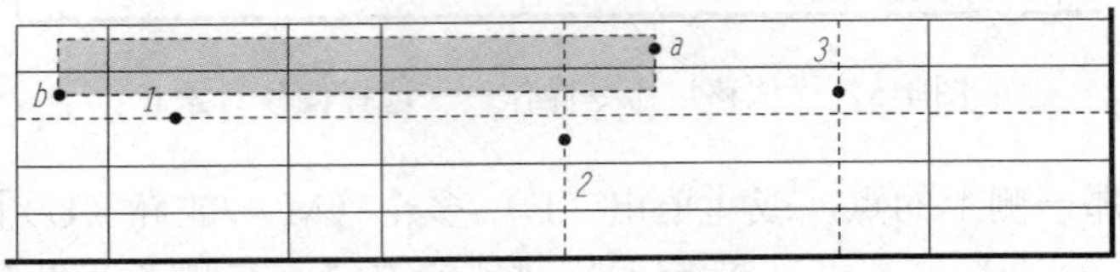

图 1-61　"修剪"命令操作——用选择修剪对象 1

选择要修剪的对象，或按住 Shift 键选择要延伸的对象，或［栏选（F）/窗交（C）/投影（P）/边（E）/删除（R）/放弃（U）］：指定对角点：

　　　　　　　　　　　——选择修剪对象，用鼠标左键依次点点 c、d 两点形成围框将修剪对象选中，如图 1-62 所示

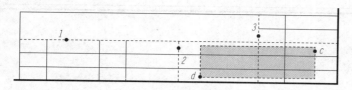

图 1-62　"修剪"命令操作——用选择修剪对象 2

选择要修剪的对象，或按住 Shift 键选择要延伸的对象，或［栏选（F）/窗交（C）/投影（P）/边（E）/删除（R）/放弃（U）］：↓

完成修剪，效果如图 1-63 所示。

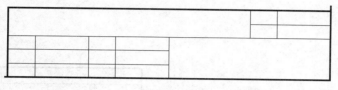

图 1-63　用"修剪"命令编辑标题栏

步骤七：注写标题栏文字。

命令：DT↓　　　　　　　　　　——用"单行文本"命令的快捷输入方式激活命令
当前文字样式："Standard"文字高度：2.5000　注释性：否
指定文字的起点或［对正（J）/样式（S）］：　——指定文字的插入起点或其他选项
指定高度 <2.5000>：5↓　　　　——输入文字高度为 5
指定文字的旋转角度 <0>：↓　　——输入文字旋转角度
输入文字：　　　　　　　　　　——切换输入法输入文字，效果如图 1-64 所示

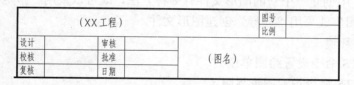

（XX工程）		图号	
		比例	
设计		审核		（图名）
校核		批准		
复核		日期		

图 1-64　注写标题栏文字

步骤八：保存文件。

（1）点击"保存" 🖫，指定文件的保存路径，并将文件命名为"A3 样板图"。

（2）用"另存为"（SAVEAS）命令，将图形文件改名为"某变电站电气主接线图"保存到指定位置，单击绘图界面右上角的"关闭"按钮，关闭当前图形。

（3）用"打开"命令打开图形文件"某变电站电气主接线图"，为下一个学习任务做好准备。

（4）用组合键【Ctrl＋Tab】切换打开的两个图形文件；使用"窗口"下拉菜单，使这两张图分别以"层叠"、"垂直平铺"、"水平平铺"方式显示。

（5）练习结束时，关闭所有图形文件，单击工作界面标题行右边的"关闭"按钮或按【Ctrl+Q】组合键退出 AutoCAD。

将图形文件用"显示缩放"（ZOOM）命令使 A3 样板图全屏显示，效果如图 1-65 所示。

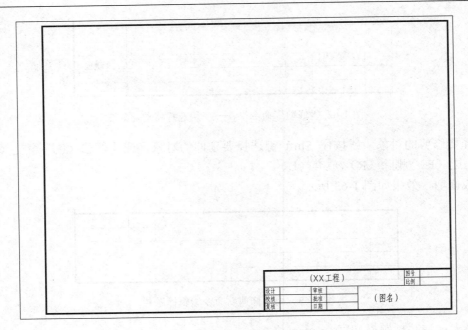

图 1-65   A3 样板图效果图

小   结

AutoCAD 基本绘图流程：

1. 建立绘图文件

在 AutoCAD 中创建一个新的图形文件有多种方法，既可以采用"指定样板图"，也可以采用"默认样板图"或采用"向导"创建图形文件。

2. 设置绘图环境

（1）用 UNITS 命令设置绘图单位。

（2）用 LIMITS 命令设置图形界限。

（3）用 ZOOM 命令中的"ALL"选项设置全屏显示。

（4）用 DDRMODES 命令"草图设置"对话框设置对象捕捉等（包括自动捕捉和自动追踪）。

（5）用 LAYER 命令设置图层、线型、颜色和线宽。

（6）用 LTCALE 命令设置线型比例。

（7）用 STYLE 命令设置文字样式。

（8）用 DIMSTYLE 命令设置尺寸样式。

（9）设置常用的其他变量。

（10）画图框和标题栏，并制作常用的图块等。

3. 使用绘图命令画图及使用编辑命令修改

（1）精确绘图。工程图形需要高度的精确，在 AutoCAD 中可以使用多种方法获取精确的尺寸，主要是使用栅格捕捉、正交、对象捕捉、自动追踪等功能来实现；另外，AutoCAD

还提供了强大的缩放、平移显示功能，以方便用户用不同的比例快速查看设计的不同部分，并创造最佳工作条件，来处理图形中的局部细节。

（2）高效绘图。

1）使用样板图减少重复设置。用户可以根据专业需要创建系列样板图，以便设计绘图时直接调用。样板图的内容包括上述绘图环境的设置以及图框、标题栏、常用的图块等。一旦设置好样板图就可以重复使用，减少了不必要的重复操作，可提高绘图效率，还可使一套图纸统一、规范。

2）利用 AutoCAD 设计中心共享设计资源。AutoCAD 设计中心是一个与 Windows 管理器类似的工具，利用该设计中心不仅可以浏览、查找、预览和管理 AutoCAD 图形、块、外部引用（参照）及光栅图像等不同的资源文件，还可以通过简单的拖放操作，将位于本地计算机、局域网或 Internet 上的块、图层和外部参照等内容插入到当前图形，实现已有资源的整合和共享，提高图形的管理和图形设计效率。

3）确立正确的绘图思路。在绘制平面图形时，首先应该对图形进行线段分析和尺寸分析，根据定形尺寸和定位尺寸，判断出已知线段、中间线段和连接线段，按照先绘制已知线段、再绘制中间线段、后绘制连接线段的绘图顺序完成图形。

4）巧用 AutoCAD 绘图、编辑命令。用户驾驭 AutoCAD 是通过向它发出一系列的命令实现的。在具体操作过程中，尽管有多种途径能够达到同样的目的，但如果命令选用得当，则会明显减少操作步骤，提高绘图效率。

前三个步骤后，是检查、整理、打印和发布图形。

习 题 与 操 作 练 习

一、理论题

（一）单选题

1．以"无样板打开-公制"方式创建文件，其默认绘图单位及单位精度是（   ）和（   ）。

    A．m 和 0.0   B．cm 和 0.00

    C．in（英寸）和 0.000   D．mm 和 0.0000

2．AutoCAD 图形文件扩展名为（   ），样板文件扩展名为（   ）。

    A．*.dwg、*.dwt   B．*.dwg、*.dxf

    C．*.dwt、*.dws   D．*.dxf、*.dwt

3．若定位距离某点 25 个单位、角度为 45 的位置点，需要输入（   ）。

    A．25，45   B．@25，45   C．@25<45   D．@45<25

4．如果在 0 图层上创建的图块被插入到其他图层上，那么图块颜色、线型等特性将会继承（   ）层上的特性。

    A．0 图层   B．被关闭的图层   C．被冻结的图层   D．被插入的图层

5．（   ）图层上的图形虽然可以显示，但是不能被修改。

    A．关闭   B．冻结   C．锁定   D．透明

6．系统默认设置下，图形界限的左下角点为（   ）。

    A．（1，0）   B．（1，1）   C．（0，0）   D．任意

7. 假如在一个图形文件中包含有"0 图层、中心线、轮廓线、尺寸线"四个图层，如果仅选择"轮廓线"图层进行局部加载，那么在打开的图形中含有（ ）图层。

    A. 轮廓线   B. 轮廓线和 0 图层

    C. 中心线、尺寸线和 0 图层   D. 所有图层

8. 重新执行上一个命令的最快方法是（ ）。

    A. 按 Enter 键   B. 按鼠标右键   C. 按 Esc 键   D. 按 F1 键

9. 在命令执行中，取消命令执行的键是（ ）。

    A. Enter 键   B. Esc 键   C. 鼠标右键   D. F1 键

10. 在十字光标处通过鼠标右键弹出的菜单称为（ ）。

    A. 鼠标菜单   B. 十字交叉线菜单

    C. 快捷菜单   D. 此处不出现菜单

11. 当丢失了下拉菜单，可以用下面（ ）命令重新加载标准菜单。

    A. Load   B. New   C. Open   D. Menu

12. 在命令行状态下，不能调用帮助功能的操作是（ ）。

    A. 键入 Help 命令   B. 快捷键 Ctrl+H

    C. 功能键 F1   D. 键入？

13. 可利用以下哪种方法来调用命令（ ）。

    A. 在命令行输入命令   B. 单击工具栏上的图标按钮

    C. 选择下拉菜单中的相应菜单项   D. 三者均可

14. 对已命名的文件进行编辑过程中，保存操作过程的命令是（ ）。

    A. Open   B. Save   C. Save As   D. Close

15. 默认的世界坐标系的简称是（ ）。

    A. CCS   B. UCS   C. WUS   D. WCS

16. 在 AutoCAD 系统中，下列（ ）坐标是相对极坐标。

    A. @32，18   B. @32<18   C. 32，18   D. 32<18

17. 下面（ ）的图层名称不能被修改或删除。

    A. 未命名的层   B. 标准层   C. 0 层   D. 默认的层

18. 当前图层（ ）被关闭，（ ）被冻结。

    A. 可以，可以   B. 可以，不能   C. 不能，可以   D. 不能，不能

19. 以下（ ）输入方式是绝对坐标输入方式。

    A. @10，15，0   B. 10，15，0   C. @<0   D. 10

20. 如果从起点为（5，5），要画出与 X 轴正方向成 30°夹角、长度为 50 的直线段应输入（ ）。

    A. 50，30   B. @30，50   C. @50<30   D. 30，50

（二）多选题

1. 在绘制角度为 60°的直线时，可以将增量角设置为（ ）。

    A. 5°   B. 10°   C. 15°   D. 30°

2. 在 AutoCAD 中，可以为图层指定（ ）特性。

    A. 颜色   B. 线型   C. 打印与不打印   D. 透明与不透明

3．在 AutoCAD 中有关用户坐标系的说法正确的是（　　）。

　　A．世界坐标系只有一个，而用户坐标系可设置多个

　　B．用户坐标系的原点与世界坐标系的原点吻合

　　C．用户坐标系的水平正向与世界坐标系的水平正向一致

　　D．用户坐标系统的图标可以不显示

4．当图形被删除后，可以使用（　　）命令进行恢复。

　　A．undo　　　　　　　B．u　　　　　　　　C．redo　　　　　　　D．oops

5．坐标输入方式主要有（　　）。

　　A．绝对坐标　　　　B．相对坐标　　　　　C．极坐标　　　　　　D．球坐标

6．当前 AutoCAD 系统的操作界面，主要由标题栏、工具栏和（　　）等几部分组成。

　　A．状态栏　　　　　B．下拉菜单　　　　　C．命令行　　　　　　D．绘图区

二、操作题

1．启动 AutoCAD 软件，新建图形，按 A2 的电气图纸格式，设置图层、线型、线宽、颜色、绘图单位、辅助绘图工具、图形的控制显示、图纸大小等系统参数；以栅格的形式显示，并以"个人工号"命名文件，保存退出。

2．打开操作题 1 已保存的图形文件，按制图规范绘制 A2 图框、标题栏，另存为"个人工号-A2.DWG"，关闭退出。

3．为上面的图形文件设置密码并保存。

AutoCAD 的基本二维绘图

【学习目标】

☞ 掌握 AutoCAD 的命令输入方式，能熟练使用精确绘图和显示控制的工具绘图。
☞ 掌握基本二维图形的绘制命令的操作。
☞ 掌握二维图形编辑命令的操作使用。
☞ 掌握对象特性管理器、特性匹配、夹点编辑、剪贴板功能和操作。
☞ 掌握文本的注写及编辑以及文本样式的创建。
☞ 了解图块的概念和特点，能创建图块，进行块插入、存储等操作。
☞ 熟悉电气系统图的基本绘制步骤和过程。

【考核要求】

AutoCAD 的基本二维绘图的考核要求见表 2-1。

表 2-1   单元 2   考核要求

序　号	项目名称	质 量 要 求	满分	扣 分 标 准
TYBZ00706004	绘制二维工程图	熟悉 AutoCAD 辅助绘图工具的设置，掌握基本图形的选取方式和 AutoCAD 基本绘图、编辑命令，能够按要求灵活运用绘图和编辑命令来完成基本二维工程图的抄绘	12	图形布置匀称，规范清晰，不扣分；布图不匀称，扣 1 分
				图形中线型应用规范，粗细、类别分明，比例适当，不扣分；线型应用错误，每处扣 0.5 分，扣完为止
TYBZ00706007	使用精确绘图工具		16	能按要求抄绘指定的二维工程图，作图正确规范，不扣分；绘制错误每处扣 1 分；绘制不规范每处扣 0.5 分。注意扣分总量要控制在图形完成的百分比范围内
TYBZ00706008	选择与编辑图形对象		4	能按要求查询二维几何图形中指定的属性特征，结果正确不扣分；查询结果错误，扣 4 分
TYBZ00706006	控制图形视图	熟悉视图缩放、平移命令，能按要求熟练控制图形显示，完成操作	4	未按要求完成视图缩放、平移命令操作一次扣 2 分，扣完为止
TYBZ00706009	创建与编辑文字	掌握文字样式创建方法，能按要求熟练进行文字的标注与编辑操作	6	文字标注清晰、正确，不扣分；未按要求创建文字格式扣 2 分；文字规格、输入错误等每处扣 0.5 分，扣完 2 分为止
TYBZ00706011	使用块和外部参照	熟悉块的属性设置，能按要求进行块创建、插入和编辑方法进行作图	4	未按要求完成图块创建、插入操作的，扣 4 分；创建图块的基准、属性等错误，每项扣 0.5 分，扣完 2 分为止；插入图块比例、位置等错误，每项扣 0.5 分，扣完 2 分为止

模块 1　使用显示控制图形的工具（TYBZ00706006）

由于计算机的屏幕显示器的大小是有限的，而表达的对象大小却千差万别，在 AutoCAD 中，可以通过缩放视图来观察图形对象。在对象的真实尺寸保持不变的情况下，通过改变显示区域、比例和不同的图形对象，从而更准确、更详细地绘图。

1. 图形缩放

用"显示缩放"（ZOOM）命令可按指定方式显示图形文件。该命令如同一个缩放镜，它可以按所指定的范围显示图形，而不改变图形的真实大小。

（1）使用图形缩放命令。

方法一：键盘输入：Zoom ↓

提示：指定窗口的角点，输入比例因子 （nX 或 nXP），或者 ［全部（A）/中心（C）/动态（D）/范围（E）/上一个（P）/比例（S）/窗口（W）/对象（O）］ <实时>:（输入选择项）

方法二：选择"视图"→"缩放"中的子菜单命令，如图 2-1（a）所示。

方法三：使用"缩放"工具栏，可以缩放视图，如图 2-1（b）所示。

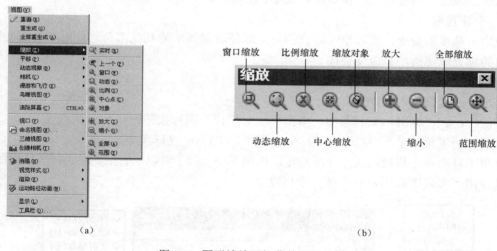

(a)　　　　　　　　　　　　(b)

图 2-1　图形缩放下拉菜单和工具栏

（a）图形缩放下拉菜单；（b）"缩放"工具栏

（2）实时缩放。选择下拉菜单"视图"→"缩放"→"实时"命令，或在"标准"工具栏中单击"实时缩放"按钮，进入实时缩放模式，此时鼠标指针呈 形状。此时向上拖动光标可放大整个图形；向下拖动光标可缩小整个图形；释放鼠标后停止缩放。使用三键鼠标时，转动中间滚轮也可以进行实时缩放。

（3）窗口缩放。选择下拉菜单"视图"→"缩放"→"窗口"命令，可以在屏幕上拾取两个对角点以确定一个矩形窗口，之后系统将矩形范围内的图形放大至整个屏幕。

（4）动态缩放。选择下拉菜单"视图"→"缩放"→"动态"命令，可以动态缩放视图。当进入动态缩放模式时，在屏幕中将显示一个带"×"的矩形方框。单击鼠标左键，此时窗口中心的"×"消失，显示一个位于右边框的方向箭头，拖动鼠标可改变选择窗口的大小，以确定选择区域大小，最后按下 Enter 键，即可缩放图形。

（5）中心缩放。选择下拉菜单"视图"→"缩放"→"中心点"命令，在图形中指定一点，然后指定一个缩放比例因子或者指定高度值来显示一个新视图。

（6）比例缩放。以一定的比例来缩放视图，有下面三种方式输入缩放倍数：

1）n 方式：输入一个大于 1 或小于 1 的正数值，将图形以 n 倍于原图尺寸显示；

2）nX 方式：将图形以当前显示尺寸的 n 倍在当前视窗上显示；

3）nXP 方式：相对于图纸空间缩放每幅图形。

通常，在绘制图形的局部细节时，需要使用缩放工具放大该绘图区域，当绘制完成后，再使用缩放工具缩小图形来观察图形的整体效果。常用的缩放命令或工具有"实时"、"窗口"、"动态"和"中心"缩放。

2. 使用鸟瞰视图

鸟瞰又称"鹰眼"，就像在空中俯视整个图形一样，可方便地执行图形缩放和平移操作，同时又可掌握当前显示的部分图形在整个图形中的位置。操作如下：

方法一：键盘输入：Dsviewer（AV）↓。

方法二：下拉菜单："视图（V）"→"鸟瞰视图（W）"。

此时，弹出"鸟瞰视图"窗口，如图 2-2 所示。

3. 平移视图

使用平移视图命令，可以重新定位图形，以便看清图形的其他部分。此时不会改变图形中对象的位置或比例，只改变视图。

（1）"平移"命令。

方法一：键盘输入：PAN↓。

方法二：在"标准"工具条中，单击"实时平移"图标按钮。

方法三：下拉菜单："视图"（V）→"平移"（P）→ 光标菜单。

使用平移命令平移视图时，视图的显示比例不变。除了可以上、下、左、右平移视图外，还可以使用"实时"和"定点"命令平移视图。

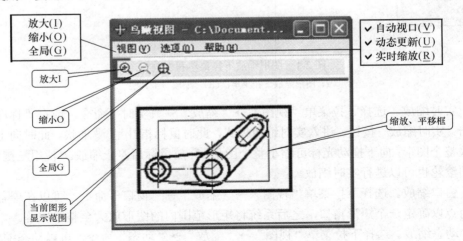

图 2-2　"鸟瞰视图"窗口

（2）实时平移。选择"视图"→"平移"→"实时"命令，此时光标指针变成一只小手，按住鼠标左键拖动，窗口内的图形就可按光标移动的方向移动。释放鼠标，可返回到平移等待状态。按 Esc 键或 Enter 键退出实时平移模式。使用三键鼠标时，按住中间滚轮也可以进行实时平移。

模块 2　使用精确作图的绘图工具（TYBZ00706007）

在绘制图形时，尽管可以通过移动光标来指定点的位置，但却很难精确指定点的某一位置。因此，要精确定位点，必须使用辅助绘图工具。

一、使用捕捉、栅格和正交功能定位点

1. 使用 GRID 与 SNAP 命令

（1）功能。栅格相当于坐标纸，在世界坐标系中栅格布满图形界限之内的范围，即显示图幅的大小，如图 2-3 所示。在画图框之前，应打开栅格，这样可明确图纸在计算机中的位置，避免将图形画在图纸之外。栅格只是绘图辅助工具，而不是图形的一部分，所以不会被打印。用"草图设置"（DSETTINGS）命令可修改栅格间距并能控制是否在屏幕上显示栅格。

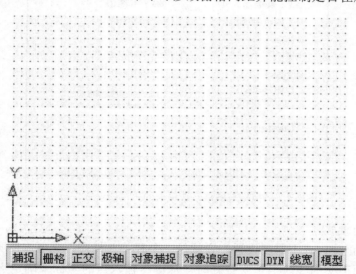

图 2-3　栅格显示

捕捉（指的是栅格捕捉）与栅格显示是配合使用的，捕捉打开时，光标移动受捕捉间距的限制，它使鼠标所给的点都落在捕捉间距所定的点上。用"草图设置"命令可以设置捕捉的间距，还可以将栅格旋转任意角度，并能将栅格设为等轴测模式方便正等轴测图的绘制。单击状态栏模式开关可方便地打开和关闭捕捉。当捕捉打开时，从键盘输入点的坐标来确定点的位置时不受捕捉的影响。

（2）输入命令。

方法一：从右键菜单中选取：将鼠标指向状态栏或单击右键，在弹出的右键菜单中选取"设置…"。

方法二：从下拉菜单选取："工具"→"草图设置…"。

方法三：从键盘键入：DSETTINGS。

输入命令后，AutoCAD 将弹出显示"捕捉与栅格"选项卡的"草图设置"对话框，如图 2-4 所示。

（3）命令的操作。

在栅格间距文字编辑框中输入栅格间距；用鼠标单击"启用栅格"前方框开关，方框内出现"√"即为打开栅格（也可在状态栏上打开）。

在捕捉间距文字编辑框中输入捕捉间距；用鼠标单击"启用捕捉"前方框开关，方框内出现"√"即为打开捕捉（也可在状态栏上打开）。

其他可用默认设置，如画轴测图可在该对话框"捕捉类型"区选择"等轴测捕捉"或"极轴捕捉"选项。单击确定按钮结束命令。

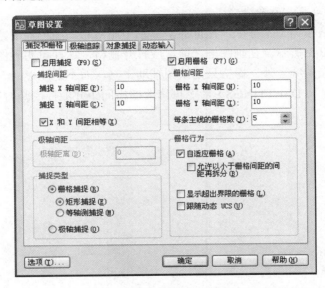

图 2-4 　"捕捉与栅格"选项卡的"草图设置"对话框

2. 使用正交模式

（1）功能。正交模式不需要设置，它就是一个开关。打开正交可迫使所画的线平行于 X 轴或 Y 轴，即画正交的线。当正交打开时，从键盘输入点的坐标来确定点的位置时不受正交影响。

（2）操作。常用的方法是：单击状态栏模式开关或使用 F8 进行开和关的切换。

二、使用对象捕捉功能

对象捕捉是绘图时常用的精确定点方式。对象捕捉方式可把点精确定位到可见实体的某特征点上。例如，要从一条已有直线的一个端点出发画另一条直线，就可以用称为"捕捉到端点"的对象捕捉模式，将光标移动到靠近已有直线端点的地方，AutoCAD 就会准确地捕捉到这条直线的端点作为新画直线的起点。AutoCAD 中的对象捕捉有"单一对象捕捉"和"固定对象捕捉"两种方式。

1. 单一对象捕捉方式

在任何命令中，当 AutoCAD 要求输入点时，就可以激活单一对象捕捉方式。单一对象捕捉方式中包含有多项捕捉模式。

方法一：将光标定位在工具栏任意处，单击鼠标右键，在弹出的右键菜单选中"对象捕捉"工具栏，即可打开工具栏，并可选择相应的捕捉模式，如图 2-5 所示。

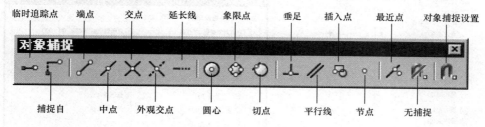

图 2-5　"对象捕捉"工具栏

说明：对象捕捉的种类和标记。

（1）"端点"：捕捉直线段或圆弧等实体的端点，捕捉标记为"□"。

（2）"中点"：捕捉直线段或圆弧等实体的中点，捕捉标记为"△"。

（3）"交点"：捕捉直线段、圆弧、圆等实体之间的交点，捕捉标记为"╳"。

（4）"外观交点"：捕捉二维图形中看上去是交点，而在三维图形中并不相交的点，捕捉标记为"╳"。

（5）"延伸"：捕捉实体延长线上的点，应先捕捉该实体上的某端点再延伸，捕捉标记为"▬"。

（6）"圆心"：捕捉圆或圆弧的圆心，捕捉标记为"○"。

（7）"象限点"：捕捉圆上 0°、90°、180°、270° 位置上的点或椭圆与长短轴相交的点。捕捉标记为"◇"。

（8）"切点"：捕捉所画线段与某圆或圆弧的切点，捕捉标记为"○"。

（9）"垂足"：捕捉所画线段与某直线段、圆、圆弧或其延长线垂直的点，捕捉标记为"╚"。

（10）"平行"：捕捉与某线平行的点，该模式不能捕捉绘制实体的起点，捕捉标记为"╱"。

（11）"插入点"：捕捉图块的插入点，捕捉标记为"□"。

（12）"节点"：捕捉由"点"、"定数等分"、"定距等分"命令绘制的点，捕捉标记为"╳"。

（13）"最近点"：捕捉直线、圆、圆弧等实体上最靠近光标方框中心的点，捕捉标记为"╳"。

其他图标的名称为：

（1）无捕捉：即关闭单一对象捕捉方式。

（2）对象捕捉设置。

（3）临时追踪点：一般用于第一点的追踪，即绘图命令中第一点不直接画出的情况。

（4）捕捉自：一般用于非第一点的追踪，即绘图命令中第一点（或前几点）已经画出，下一点不便直接给尺寸，需要按参考点画出的情况。

方法二：从右键菜单中选项激活单一对象捕捉。方法是：在绘图区任意位置，先按住

【Shift】键，再单击鼠标右键弹出右键菜单，从该右键菜单中可单击相应捕捉模式，如图 2-6 所示。

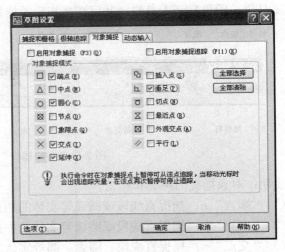

图 2-6　"对象捕捉"右键菜单　　　　　图 2-7　"对象捕捉"选项卡的"草图设置"对话框

2.　固定对象捕捉方式

固定对象捕捉方式与单一对象捕捉方式的区别是：单一对象捕捉方式是一种临时性的捕捉，选择一次捕捉模式只捕捉一个点；固定对象捕捉方式是固定在一种或数种捕捉模式下，打开它可自动执行所设置模式的捕捉，直至关闭。绘制工程图时，一般将常用的几种对象捕捉模式设置成固定对象捕捉，对不常用的对象捕捉模式使用单一对象捕捉。固定对象捕捉方式可通过单击状态行上按钮来打开或关闭。

固定对象捕捉方式的设置是通过显示"对象捕捉"选项卡的"草图设置"对话框来完成的。

方法一：从"对象捕捉"工具栏中单击"对象捕捉设置"按钮。

方法二：用右键单击状态栏上按钮，从弹出的右键菜单中选择"设置"。

方法三：从下拉菜单中选取："工具"→"草图设置…"。

方法四：从键盘键入：OSNAP。

输入命令后，AutoCAD 将弹出显示"对象捕捉"选项卡的"草图设置"对话框，如图 2-7 所示。该对话框中各项内容及操作如下：

1）"启用对象捕捉（F3）"开关：该开关控制固定捕捉的打开与关闭。

2）"启用对象捕捉追踪（F11）"开关：该开关控制追踪捕捉的打开与关闭。

3）"对象捕捉模式"区中的 13 种固定捕捉模式与单一对象捕捉模式相同。可以从中选择一种或多种对象捕捉模式形成一组固定模式，选择后单击确定按钮即完成设置。绘制工程图时，固定对象捕捉模式"端点"、"交点"、"圆心"、"延伸"几种模式一般是固定选中，其他可根据需要再选，如图 2-7 所示。

3."选项（T）…"按钮中的草图设置

单击"选项（T）…"按钮将弹出显示"草图"选项卡的"选项"对话框，该对话框左侧为"自动捕捉设置"区，如图 2-8 所示。

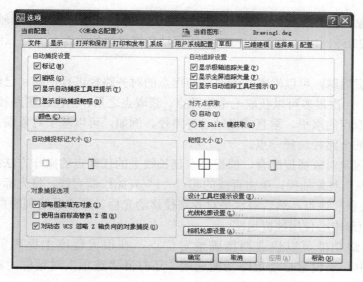

图 2-8　"草图"选项卡的"选项"对话框

可根据需要进行设置，其各项含义如下：

（1）"标记"开关：该开关用来控制固定对象捕捉标记的打开或关闭。

（2）"磁吸"开关：该开关用来控制固定对象捕捉磁吸的打开或关闭。打开捕捉磁吸将把靶框锁定在所设的固定对象捕捉点上。

（3）"显示自动捕捉工具栏提示"开关：该开关用来控制固定对象捕捉提示的打开或关闭。捕捉提示是系统自动捕捉到一个捕捉点后，显示出该捕捉的文字说明。

（4）"显示自动捕捉靶框"开关：该开关用来打开或关闭靶框。

（5）"颜色"按钮：单击该按钮显示"图形窗口颜色"对话框，如果要改变标记的颜色，只需从该对话框右上角"颜色"窗口下拉列表中选择一种颜色即可。

（6）"自动捕捉标记大小"滑块：拖动滑块可以改变固定对象捕捉标记的大小。滑块左边的标记图例将实时显示出标记的颜色和大小。

三、使用自动追踪

在 AutoCAD 中，自动追踪可按指定角度绘制对象，或者绘制与其他对象有特定关系的对象。自动追踪功能分极轴追踪和对象捕捉追踪两种，是非常有用的辅助绘图工具。

1. 极轴追踪与对象捕捉追踪

使用极轴追踪，其设置通过操作显示"极轴追踪"选项卡"草图设置"对话框来完成，如图 2-9 所示。

使用极轴追踪，光标将按指定角度进行移动。使用"PolarSnap"，光标将沿极轴角度按指定增量进行移动。默认情况下，对象捕捉追踪将设置为正交。对齐路径将显示在

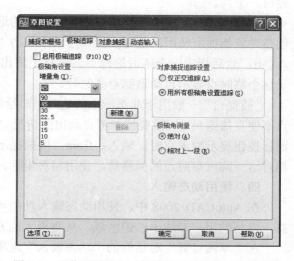

图 2-9　"草图设置"对话框的"极轴追踪"选项卡

始于已获取的对象点的 0°、90°、180°和 270°方向上。另外，还可以使用极轴追踪沿着 90°、60°、45°、30°、22.5°、18°、15°、10°和 5°的极轴角增量进行追踪，并可以同时指定其他追踪角度。

使用对象捕捉追踪，可以沿着基于对象捕捉点的对齐路径进行追踪。已获取的点将显示一个小加号（+），一次最多可以获取七个追踪点。获取点之后，当在绘图路径上移动光标时，将显示相对于获取点的水平、垂直或极轴对齐路径。例如，可以基于对象端点、中点或者对象的交点，沿着某个路径选择一点。

对象追踪与固定对象捕捉配合，捕捉某点延长线上的任意点的操作方法：在图 2-10（a）中，启用了"端点"对象捕捉；单击直线的起点"1"开始绘制直线，将光标移动到另一条直线的端点"2"处获取该点，然后沿水平对齐路径移动光标，定位要绘制的直线的端点"3"。图 2-10（b）在矩形中心使用捕捉追踪。

使用自动追踪功能可以快速而精确地定位点，在很大程度上提高了绘图效率。在 AutoCAD 2008 中，要设置自动追踪功能选项，还打开"选项"对话框，在"草图"选项卡的"自动追踪设置"选项区域中进行设置。

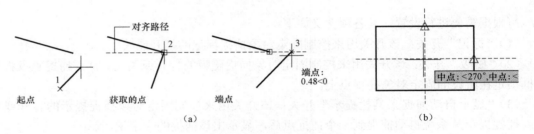

图 2-10　对象捕捉追踪
（a）"端点"对象捕捉；（b）捕捉追踪

2. 使用临时追踪点和捕捉自功能

在"对象捕捉"工具栏中，还有两个非常有用的对象捕捉工具，即"临时追踪点"和"捕捉自"工具。

"临时追踪点"的主要作用是用于第一点的追踪，即绘图命令中第一点不直接画出的情况。创建对象捕捉所使用的临时点操作方法：单击"临时追踪"图标按钮或在提示输入点时，输入：tt，然后指定一个临时追踪点。该点上将出现一个小的加号（+）。移动光标时，将相对于这个临时点显示自动追踪对齐路径。

"捕捉自"一般用于非第一点的追踪，即绘图命令中第一点（或前几点）已经画出，下一点不便直接给尺寸，需要按参考点画出的情况。"捕捉自"的操作方法：用鼠标单击"捕捉自"图标按钮提示输入点时，输入：from，根据提示输入基点，并将该点作为临时参考点，输入相对这一临时参照点的偏移量，使用相对坐标，加前缀@指定下一个应用点。

四、使用动态输入

在 AutoCAD 2008 中，使用动态输入功能可以在光标附近显示标注输入和命令提示等信息，以帮助用户专注于绘图区域，从而极大地方便了绘图。

在"草图设置"对话框的"动态输入"选项卡中，选中"启用指针输入"复选框可以启用指针输入功能。可以在"指针输入"选项区域中单击"设置"按钮，使用打开的"指针输入设置"对话框设置指针的格式和可见性，如图 2-11 所示。

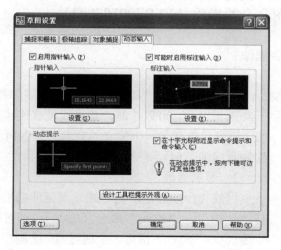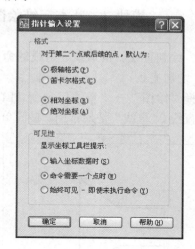

图 2-11 "草图设置"对话框的"动态输入"选项卡

在"草图设置"对话框的"动态输入"选项卡中，选中"可能时启用标注输入"复选框可以启用标注输入功能。在"标注输入"选项区域中单击"设置"按钮，使用打开的"标注输入的设置"对话框可以设置标注的可见性，如图 2-12 所示。

在"草图设置"对话框的"动态输入"选项卡中，选中"动态提示"选项区域中的"在十字光标附近显示命令提示和命令输入"复选框，可以在光标附近显示命令提示，如图 2-13 所示。

说明：当启用指针输入且有命令在执行时，十字光标的位置将在光标附近的工具提示中显示为坐标，第二个点和后续点的默认设置为相对极坐标，不需要输入@符号。如果需要使用绝对坐标，则使用井号（#）前缀。

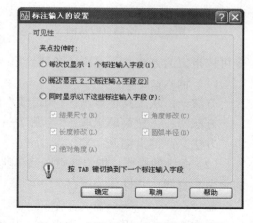

图 2-12 "标注输入的设置"对话框

启用标注输入时，当命令提示输入第二点时，工具提示将显示距离和角度值。在工具提示中的值将随着光标移动而改变。按 TAB 键可以移动到要更改的值。按下 F12 键可以临时打开或关闭动态输入。

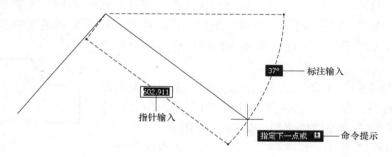

图 2-13 动态提示

模块 3　基本二维绘图命令的操作（TYBZ00706004）

一、绘制直线、构造线、射线的命令操作

1. 绘制直线

选择"绘图"→"直线"命令（LINE），或在"绘图"工具栏中单击"直线"按钮，可以绘制直线。"直线"是最常用、最简单的一类图形对象，可以绘制一条直线段或连续的折线段，每段线段都是一个独立的对象。图 2-14 所示为绘制直线的示例。

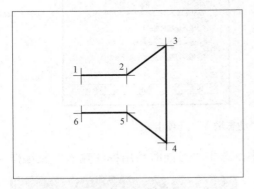

图 2-14　绘制直线示例

2. 绘制射线

射线为一端固定，另一端无限延伸的直线。选择"绘图"→"射线"命令（RAY），即可在"指定通过点："提示下指定多个通过点，绘制一条或多条射线，直到按 Esc 键或 Enter 键退出为止。在 AutoCAD 中，射线主要用于绘制辅助线。

3. 绘制构造线

用"构造线"（XLINE）命令可绘制无穷长直线，无穷长直线在绘制工程图中常用来当图架线，该命令可按指定的方式和距离画一条或一组无穷长直线。

（1）输入命令。

方法一：从工具栏单击："构造线"图标按钮。

方法二：下拉菜单选取："绘图"→"构造线"。

方法三：键盘键入：XL。

（2）命令的操作。指定两点画线（默认项）：该选项可画一条或一组穿过起点和各通过点的无穷长直线。其操作如下：

命令：　　　　　——输入命令

指定点或［水平（H）/垂直（V）/角度（A）/二等分（B）/偏移（O）］：——给定起点

指定通过点：——给定通过点画出一条线

指定通过点：——给定通过点再画一条线或按【Enter】键结束该命令

命令：

1）"水平（H）"选项：可画一条或一组穿过指定点并平行于 X 轴的无穷长直线。

2）"垂直（V）"选项：可画一条或一组穿过指定点并平行于 Y 轴的无穷长直线。

3）"角度（A）"选项：可画一条或一组指定角度的无穷长直线。

4）"二等分（B）"选项：可通过给三点画一条或一组无穷长直线，该直线穿过第"1"点并平分由第"1"点为顶点、与第"2"点和第"3"点组成的夹角，如图 2-15 所示。

5）"偏移（O）"选项：可选择一条任意方向的直线来画一条或一组与所选直线平行的无穷长直线。

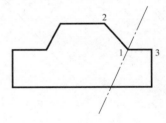

图 2-15　角平分构造线示例

说明：若在"输入构造线的角度（0）或［参照（R）］："提示行选"参照（R）"选项，可方便地绘制任意直线的垂线或其他夹角的直线。

二、绘制矩形和正多边形

1. 绘制矩形

用"矩形"（RECTANG）命令可以绘制出倒角矩形、圆角矩形、有厚度的矩形等多种矩形，如图 2-16 所示。

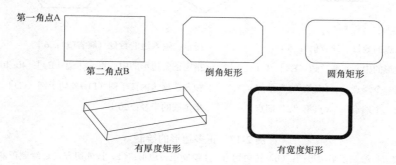

图 2-16　用矩形命令绘制的多种矩形

（1）输入命令。

方法一：从工具栏中单击："矩形"图标按钮▭。

方法二：从下拉菜单选取："绘图"→"矩形"。

方法三：从键盘键入：RECTANG 或 REC。

（2）命令的操作。AutoCAD 提供了三种给矩形尺寸的方式：给两对角点（默认方式）、给长度和宽度尺寸、给面积和一个边长。无论按哪种方式给尺寸，AutoCAD 都将按当前线宽绘制一个矩形。

其操作方式如下：

命令：　　　　　——输入命令

指定第一个角点或［倒角（C）/标高（E）/圆角（F）/厚度（T）/宽度（W）]：

　　　　　——给矩形对角"1"点

指定另一个角点［面积（A）/尺寸（D）/旋转（R）]：

　　　　　——给矩形对角"2"点或选项按提示条件画矩形

命令：

说明：

1）选择"D"选项：AutoCAD 将依次要求输入矩形的长度和宽度，按提示操作，将按所给尺寸及当前线宽绘制一个矩形。

2）选择"A"选项：AutoCAD 将依次要求输入矩形的面积和一个边的尺寸，按提示操作，将按所给尺寸及当前线宽绘制一个矩形。

3）选择"R"选项：AutoCAD 将依次要求输入矩形的旋转角度和矩形尺寸，按提示依次操作，将按所指定的倾斜角度和矩形尺寸绘制一个倾斜的矩形。

2. 绘制正多边形

用"正多边形"（POLYGON）命令可按指定方式画 3～1024 边的正多边形。AutoCAD 提供了三种画正多边形的方式，即边长方式（E）、内接于圆方式（I）和外切于圆方式（C），如图 2-17（a）、（b）、（c）所示。

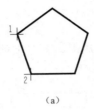 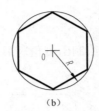 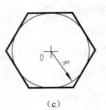

提示：输入边的数目〈缺省值〉：5↓	提示：输入边的数目〈缺省值〉：6↓
指定正多边形的中心点或［边（E）］：E↓	指定正多边形的中心点或［边（E）］：40, 40↓
指定边的第一个端点：（点第"1"端点）	输入选项［内接于圆（I）/外切于圆（C）］＜缺省值>:C↓
指定边的第二个端点：（点第"2"端点）	指定圆的半径：20↓

图 2-17　正多边形的绘制

（a）按边长绘制正多边形图；（b）按内切方式 I 绘制正多边形；（c）按外切方式 C 绘制正多边形

说明：用"I"和"C"方式画多边形时圆并不画出，当提示"指定圆的半径"时，只有用光标拖动指定，才能够控制多边形的方向。

三、绘制圆、圆弧、椭圆和椭圆弧的命令

1. 绘制圆

用"圆"（CIRCLE）命令可按指定的方式画圆，AutoCAD 提供了六种画圆方式，如图 2-18 所示。

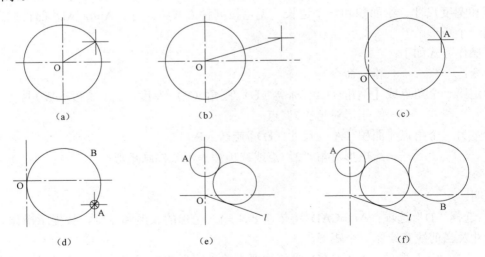

图 2-18　绘圆的方法示例

（a）指定圆心和半径；（b）指定圆心和直径；（c）指定两点；（d）指定三点；
（e）指定两个相切对象和半径；（f）指定三个相切对象

1）指定圆心、半径（CEN、R）画圆——默认画圆方式。

2）指定圆心、直径（CEN、D）画圆。

3）指定圆上两点（2P）画圆。

4）指定圆上三点（3P）画圆。

5）选两个相切目标并给半径（TTR）画公切圆。

6）在下拉菜单选"三个相切目标（TTT）画公切圆"方式。

（1）输入命令。

方法一：从工具栏单击："圆"图标按钮。

方法二：从下拉菜单选取："绘图"→"圆"从子菜单中选一种画圆方式。

方法三：从键盘键入：C。

（2）命令的操作。用默认方式画圆，从工具栏输入命令，按提示操作不必选项最方便；用非默认项画圆，在命令中用右键菜单选取画圆方式和操作项非常简捷灵活，是常用的方法。用非默认项画圆，也可从下拉菜单的子菜单中直接选取画圆方式，AutoCAD 会按所选方式出现提示，依次给出应答即可。

命令：　　　　　　　　　　　　　　　　　——从工具栏输入命令

指定圆的圆心或［三点（3P）/两点（2P）/相切、相切、半径（T）]：

　　　　　　　　　　　　　　　　　　　　——选择画圆的方式

指定圆的半径或［直径（D）] <30>：　　　——给半径值或拖动

命令：

2．绘制圆弧

用"圆弧"（ARC）命令可按指定方式画圆弧。AutoCAD 提供了十一个选项来画圆弧：① 三点（P）；② 起点、圆心、端点（S）；③ 起点、圆心、角度（T）；④ 起点、圆心、长度（A）；⑤ 起点、端点、角度（N）；⑥ 起点、端点、方向（D）；⑦ 起点、端点、半径（R）；⑧ 圆心、起点、端点（C）；⑨ 圆心、起点、角度（E）；⑩ 圆心、起点、长度（L）；⑪ 连续（O）。

上述选项，⑧、⑨、⑩与②、③、④中条件相同，只是操作命令时提示顺序不同，AutoCAD 实际提供的是八种画圆弧方式。

（1）输入命令。

方法一：从工具栏中单击："圆弧"图标按钮。

方法二：从下拉菜单选取："绘图"→"圆弧"。

方法三：从键盘键入：A。

（2）命令的操作。

命令：　　　　　　　　　　　　　　　　　——从工具栏输入命令

指定圆弧的起点或［圆心（C）]：（给第"1"点）——默认项：三点方式画圆弧

指定圆弧的第二点或［圆心（C）/端点（E）]：——给第"2"点

指定圆弧的端点：　　　　　　　　　　　　——给第"3"点

命令：

用三点方式画圆弧示例如图 2-19 所示。

用其他方式画圆弧，从下拉菜单输入命令或用右键菜单逐一选项都可以。若从下拉菜单输入命令，选取子菜单中画圆弧方式后，AutoCAD 将按所取方式依次提示，给足三个条件即可绘制出一段圆弧。请读者按给定条件操作。

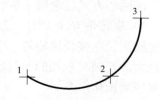

图 2-19　用三点方式画圆弧示例

3．绘制椭圆和椭圆弧

用"椭圆"（ELLIPSE）命令可按指定方式画椭圆并可取其一部分。AutoCAD 提供了三种画椭圆的方式，即轴端点方式、椭圆心方式和旋转角方式。

（1）输入命令。

方法一：从工具栏中单击："椭圆"图标按钮 ⬭。

方法二：从下拉菜单选取："绘图"→"椭圆"。

方法三：从键盘键入：ELLIPSE。

（2）命令的操作。

1）轴端点方式：默认方式通过指定椭圆与轴的三个交点（即轴端点）画一个椭圆。其操作如下：

命令：	——输入命令
指定椭圆的轴端点或［圆弧（A）/中心点（C）］：	——给第"a"点
指定轴的另一个端点：	——给该轴上第"b"点
指定另一条半轴长度或［旋转（R）］：	——给第"c"点定另一半轴长
命令：	

轴端点方式画椭圆示例如图 2-20（a）所示。

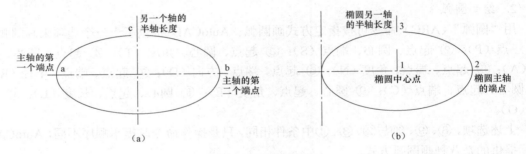

图 2-20 画椭圆示例

（a）轴端点方式；（b）椭圆心方式

2）椭圆心方式：用指定椭圆心和椭圆与两轴的各一个交点（即两半轴长）画一个椭圆。其操作如下：

命令：	——输入命令
指定椭圆的轴端点或［圆弧（A）/中心点（C）］：C↓	——选椭圆心方式
指定椭圆的中心点：	——给椭圆圆心"1"
指定轴的端点：	——给轴端点"1"或其半轴长
指定另一条半轴长度或［旋转（R）］：	——给轴端点"2"或其半轴长

椭圆心方式画椭圆示例如图 2-20（b）所示。

3）旋转角方式（"R"选项）：先指定椭圆一个轴的两个端点，然后再指定一个旋转角度来画椭圆。在绕长轴旋转一个圆时，旋转的角度就定义了椭圆长轴与短轴的比例。旋转角度值越大，长轴与短轴的比值越大。如果旋转角度为"0"，则 AutoCAD 只画一个圆。请读者根据规则操作。

（3）画椭圆弧。以默认方式画椭圆为例，其操作过程如下：

命令：　　　　　　　　　　　　　——输入命令，从工具栏中单击"椭圆弧"图标按钮

指定椭圆弧的轴端点或［中心点（C）］：　　——给第"1"点

指定轴的另一个端点：　　　　　　　——给该轴上第"2"点

指定另一条半轴长度或［旋转（R）］：　　——给第"3"点定另一半轴长

指定起始角度或［参数（P）］：　　　——给切断起始点"A"或给起始角度

指定终止角度或［参数（P）/包含角度（I）］：　——给切断终点"B"或终止角度

命令：

用圆弧选项画部分椭圆示例如图 2-21 所示。

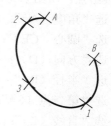

说明：若在上一提示行中选"包含角度（I）"，可指定保留椭圆段的包含角；若在上一提示行中选"参数（P）"，可按矢量方程式输入起始角度。

图 2-21　用圆弧选项画部分椭圆示例

四、绘制与编辑多段线

多段线是由直线段和弧线段连续组成的一个图形实体，它可由不同的线段、不同的宽度组成，并且可进行各种编辑。

（1）输入命令。

方法一：从工具栏中单击："多段线"图标按钮。

方法二：从下拉菜单选取："绘图"→"多段线"。

方法三：从键盘键入：PL。

（2）命令的操作。

命令：　　　　　　——输入命令

指定起点：　　　　——给起点

当前线宽为 0.00　　——信息行

指定下一点或［圆弧（A）/半宽（H）/长度（L）/放弃（U）/宽度（W）］：

　　　　　　　　　　——给点或选项

（3）直线方式提示行各选项含义。

1）"指定下一点"：是默认项。所给点是直线的另一端点，给点后仍出现直线方式提示行，可继续给点画直线或按【Enter】键结束命令（与"直线"命令操作类同，并按当前线宽画直线）。选"闭合（C）"：同"直线"命令的同类选项，使终点与起点相连并结束命令（该选项从指定第 3 点的提示行中显示）。

2）选"宽度（W）"：可改变当前线宽。

输入选项后，出现提示行：

指定起始线宽<0.00>：　——给起始线宽

指定终点线宽<1.00>：　——给终点线宽

给线宽后仍出现直线方式提示行。

如起始线宽与终点线宽相同，画等宽线；如起始线宽与终点线宽不同，所画第一条线为不等宽线，后续线段将按终点线宽画等宽线。

选"半宽（H）"：按线宽的一半指定当前线宽（同"W"操作）。

选"长度（L）"：可输入一个长度值，按指定长度延长上一条直线。

选"放弃（U）"：在命令中擦去最后画出的那条线。

选"圆弧（A）"：使 PLINE 命令转入画圆弧方式。

选项后，出现圆弧方式提示行：

［角度（A）/圆心（CE）/闭合（CL）/方向（D）/半宽（H）/直线（L）/半径（R）/第二点（S）/放弃（U）/宽度（W）］：（给点或选项）

（4）圆弧方式提示行各选项含义。

直接给点：所给点是圆弧的终点。其相当于 ARC 命令中"连续"选项。

1）选"角度（A）"：可输入所画圆弧的包含角。

2）选"圆心（CE）"：可指定所画圆弧的圆心。

3）选"方向（D）"：可指定所画圆弧起点的切线方向。

4）选"半径（R）"：可指定所画圆弧的半径。

5）选"第二点（S）"：可指定按三点方式画弧的第 2 点。

6）选"直线（L）"：返回画直线方式，出现直线方式提示行。

7）其他"半宽（H）"、"宽度（W）"、"放弃（U）"选项与直线方式中的同类选项相同。

说明：用"多段线"命令画圆弧与"圆弧"命令画圆弧思路相同，可根据需要从提示中逐一选项，给足三个条件（包括起始点）即可画出一段圆弧。

用 PLINE 命令，画直线与 LINE 命令思路相同，画圆弧与 ARC 命令思路相同，可根据需要从提示中逐一选项，即作出二维多义线。要特别说明的是，在执行同一次 PLINE 命令中所画各线段是一个实体，如图 2-22（a）所示。

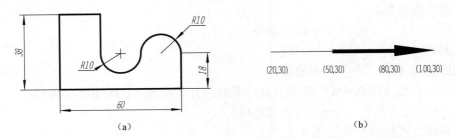

（a）　　　　　　　　　　　　　　　　（b）

图 2-22　用"多段线"命令画线示例

（a）多段线；（b）用 PLINE 指令画线段

命令：Pline↓　　　　　　　如图 2-22（b）所示

指定起点：20，30↓

当前线宽为 0.0000

指定下一个点或［圆弧（A）/闭合（C）/半宽（H）/长度（L）/放弃（U）/宽度（W）］：50，30↓

指定下一个点或［圆弧（A）/闭合（C）/半宽（H）/长度（L）/放弃（U）/宽度（W）］：W↓

指定起始点宽度<0.0000>：3↓

指定端点宽度 <3.0000>：↓

指定下一个点或［圆弧（A）/闭合（C）/半宽（H）/长度（L）/放弃（U）/宽度（W）］：80，30↓

指定下一个点或［圆弧（A）/闭合（C）/半宽（H）/长度（L）/放弃（U）/宽度（W）］：W↓

指定起始点宽度<3.0000>：8↓

指定端点宽度 <8.0000>：0↓

指定下一个点或［圆弧（A）/半宽（H）/长度（L）/放弃（U）/宽度（W）］：100，30↓

五、绘制与编辑样条曲线

用"样条曲线"（SPLINE）命令可绘制通过或接近所给一系列点的光滑曲线。

1. 输入命令

方法一：工具栏中单击"样条曲线"图标按钮 ～。

方法二：下拉菜单选取"绘图"→"样条曲线"。

方法三：键盘键入：SPL。

2. 命令的操作

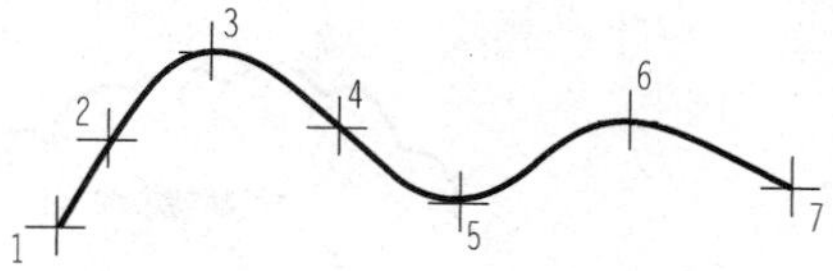

图 2-23 所示画样条曲线的操作过程如下：

图 2-23　画样条曲线示例

命令：　　　　　　　　　　　　　　　　　　——输入命令

指定第一个点或［对象（O）］：　　　　　　　　——给第"1"点

指定下一个点：　　　　　　　　　　　　　　　——给第"2"点

指定下一个点或［闭合（C）/拟合公差（F）］ <起点切向>：　——给第"3"点

指定下一个点或［闭合（C）/拟合公差（F）］ <起点切向>：　——给第"4"点

指定下一个点或［闭合（C）/拟合公差（F）］ <起点切向>：　——给第"5"点

指定下一个点或［闭合（C）/拟合公差（F）］ <起点切向>：　——给第"6"点

指定下一个点或［闭合（C）/拟合公差（F）］ <起点切向>：　——给第"7"点

指定下一个点或［闭合（C）/拟合公差（F）］ <起点切向>：↓

指定起点切向：（给起点的切线方向）

指定端点切向：（给终点的切线方向）

命令：

说明：给第 3 点时所出现的提示行中"闭合（C）"选项，使曲线首尾闭合，闭合后出现提示行让指定终点的切线方向。

六、徒手绘制图形

用"修订云线"（REVCLOUD）命令可绘制类同云朵一样的连续曲线，若将云线的弧长设置得很小可实现徒手画线。

1. 输入命令

方法一：从"绘图"工具栏单击"修订云线"按钮。

方法二：从下拉菜单选取"绘图"→"修订云线"。

方法三：从键盘输入：REVCLOUD。

2. 命令的操作

命令：　　　　　　　　　　　　　　　　　　——输入命令

最小弧长：6　最大弧长：6　样式：普通　　　　——信息行

指定起点或 ［弧长（A）/对象（O）/样式（S）］ <对象>：　——单击左键给起点

沿云线路径引导十字光标...　　——移动鼠标目测画线，直至终点单击右键或

　　　　　　　　　　　　　　　按【Enter】键确定

反转方向　［是（Y）/否（N）］＜否＞：　——选项后按【Enter】键结束命令

命令：

用 REVCLOUD 命令绘制云线示例如图 2-24 所示。

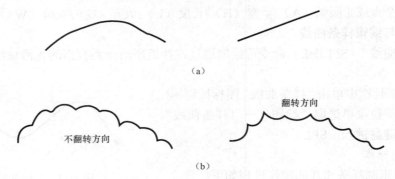

（a）

翻转方向

不翻转方向

（b）

图 2-24　用 REVCLOUD 命令绘制云线示例

（a）最大和最小弧长为 0.01；（b）最大和最小弧长为 6

说明：

（1）若在"指定起点或　［弧长（A）/对象（O）/样式（S）］　＜对象＞："提示行中选择"弧长（A）"，可重新指定弧长。弧长用来确定所画云线的步距和弧的大小。云线的步距和弧的大小也与鼠标移动的速度相关，移动越快步距越大。

（2）若在"指定起点或　［弧长（A）/对象（O）/样式（S）］＜对象＞："提示行中选择"对象（O）"，可修改已有的云线；若选择"样式（S）"项，可在"普通"和"徒手"两种圆弧样式中重新选择。

七、绘制点对象

用"点"（POINT）命令可按设定的点样式在指定位置画点；用"定数等分"（DIVIDE）和"定距等分"（MEASURE）命令可按设定的点样式，在选定的线段上指定等分数或等分距离画等分点。同一个图形文件中只能有一种点样式，当改变点样式时，该图形文件中所画点的形状和大小都将随之改变。以上命令中无论一次画出多少个点，每一个点都是一个独立的实体。

1. 设定点样式

点样式决定所画点的形状和大小。执行画点命令之前，应先设定点样式。

从下拉菜单选取："格式"→"点样式"或从键盘键入：DDPTYPE，可以打开 "点样式"对话框，如图 2-25 所示。

图 2-25　"点样式"对话框

"点样式"对话框设置具体操作如下：

（1）单击对话框上部点的形状图例，设定点的形状。

（2）选中"按绝对单位设置大小"单选钮确定给点的尺寸方式。

（3）在"点大小"文字编辑框中指定所画点的大小。

（4）单击确定按钮完成点样式设置。

2. 按指定位置画点

设置所需的点样式后，可用"点"（POINT）命令按指定位置画点。该命令的操作方式如下：

方法一：从工具栏中单击："点"图标按钮 ▪。

方法二：从下拉菜单选取："绘图"→"点"→"多点"（如只画一个点可选择"单点"）。

方法三：从键盘输入：POINT。

输入命令后，命令提示区出现提示行：

当前点模式：PDMODE=0　PDSIZE=0.0000　　　——信息行

指定点：　　　　　　　　　　　　　　　　　　——指定点的位置画出一个点

指定点：（可继续画点或按【Esc】键结束命令）　——如选择"单点"，将直接结束命令

命令：

3. 按等分数画线段的等分点

设置所需的点样式后，可用"定数等分"（DIVIDE）命令按指定的等分数画线段的等分点，即等分线段。输入命令后，命令提示区出现提示行：

选择要定数等分的对象：　　　　　　　　　——选择一条线段

输入线段数目或 [块（B）] 5↓　　　　　　　——给等分数

命令：

等分点的形状和大小按所设的点样式画出，示例如图 2-26 所示。

图 2-26　按等分数画线段等分点示例

按指定距离画线段的等分点的方法：设置所需的点样式后，可用"定距等分"（MEASURE）命令按指定的距离测量画线段的等分点，即等分线段。AutoCAD 从选择实体时所靠近的一端处开始测量。读者可以按此方法进行操作。

八、绘制圆环

绘制实心（内径为零）或空心的圆或圆环，如图 2-27 所示。

操作方法：选择下拉菜单"绘图"→"圆环"。

提示：指定圆环的内径<缺省值>：↓——输入内径值，当内径为 0 时，绘制的为实心圆

指定圆环的外径<缺省值>：↓　　　——输入外径值

确定圆环的中心点或 <退出>：　　——输入圆心或按回车键结束命令

九、绘制与编辑多线

用"多线"（MLINE）命令可按当前多线样式指定的线型、条数、比例及端口形式绘制多条平行线段。工程绘图中用"多线"命令画房屋建筑平面图中的墙体非常方便，这里以绘制图 2-28 所示房屋建筑平面图中的墙体为例讲述该命令的操作过程。

1. 创建"房屋建筑平面图"多线样式

（1）从下拉菜单选取"格式"→"多线样式"或从键盘键入 MLSTYLE。

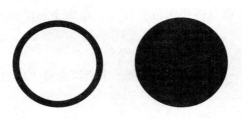

图 2-27　圆环和实心圆

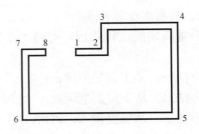

图 2-28　用"多线"命令绘制房屋建筑
平面图中墙体示例

图 2-29　"多线样式"对话框

显示"多线样式"对话框，如图 2-29
所示。

（2）单击"多线样式"对话框中新建按
钮，弹出"创建新的多线样式"对话框，在
该对话框"新样式名"文字编辑框中输入"房
屋建筑平面图"，如图 2-30 所示。

图 2-30　"创建新的多线样式"对话框

（3）单击"创建新的多线样式"对话框中继续按钮，弹出"新建多线样式"对话框，如
图 2-31 所示。

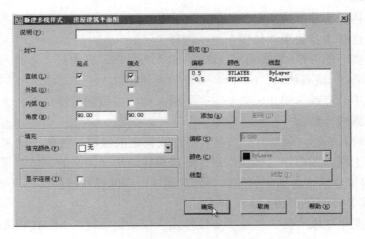

图 2-31　"新建多线样式"对话框

（4）在"新建多线样式"对话框中，打开"封口"区"直线（L）"形式的"起点"及"终点"开关（其他使用默认值）。设置后，单击确定按钮返回"多线样式"对话框，在"多线样式"对话框下部预览框内将显示出所设多线样式的形状。

（5）单击"多线样式"对话框中置为当前按钮将"房屋建筑平面图"多线样式设成当前多线样式，再单击确定按钮退出"多线样式"对话框，完成创建。

2. 绘制墙体

用下列方式之一输入命令：

方法一：从下拉菜单选取："绘图"→"多线"。

方法二：从键盘键入：ML。

命令提示区出现提示行：

当前设置：对正＝上，比例＝20.00，样式＝房屋建筑平面图　　——信息行

指定起点或［对正（J）/比例（S）/样式（ST）］：S↓　　——选"比例（S）"选项

指定多线比例<20.00>：4.8↓　　——指定多线的间距

指定起点或［对正（J）/比例（S）/样式（ST）］：　　——指定起点

指定下一点：　　——指定第 2 点

指定下一点或　［放弃（U）］：　　——指定给第 3 点

指定下一点或　［闭合（c）/放弃（U）］：　　——指定给第 4 点

指定下一点或　［闭合（c）/放弃（U）］：　　——指定给第 5 点

指定下一点或　［闭合（c）/放弃（U）］：　　——指定给第 6 点

指定下一点或　［闭合（c）/放弃（U）］：　　——指定给第 7 点

指定下一点或　［闭合（c）/放弃（U）］：　　——指定给第 8 点

指定下一点或　［闭合（c）/放弃（U）］：↓　　——如图 2-28 所示

说明：

（1）在"指定起点或［对正（J）/比例（S）/样式（ST）］："提示行上，选择"样式（ST）"选项，可按提示给出一个已有的多线样式的名字，确定后 AutoCAD 将其设为当前多线样式。

（2）在"指定起点或［对正（J）/比例（S）/样式（ST）］："提示行上，选择"对正（J）"选项，可指定画多线时指定点与多线之间的关系。

选项后，命令提示区出现提示行：

输入对正类型［上（T）/无（Z）/下（B）］<上>：（选项）

1）选"上（T）"选项，指定以多线最上边那条线对正，如图 2-32（a）所示。

2）选"无（Z）"选项，指定以多线中间那条线对正，如图 2-32（b）所示。

3）选"下（B）"选项，指定以多线最下边那条线对正，如图 2-32（c）所示。

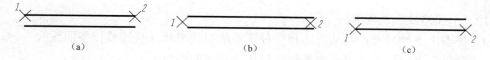

图 2-32　"对正（J）"中各选项应用示例

（a）上（T）对齐；（b）无（Z）对齐；（c）下（B）对齐

十、画多重引线

在 AutoCAD 2008 中，可按需要创建多重引线样式，绘制引线和相应的内容，并可方便地修改多重引线。

1. 创建多重引线样式

多重引线样式决定了所绘多重引线的形式和相关内容的形式。若默认的"Standard"多重引线样式不是所希望的，应先设置多重引线样式。

可以通过以下方式之一打开"多重引线样式管理器"对话框。

方法一：从"样式"工具栏单击："多重引线样式"图标按钮 。

方法二：从下拉菜单选取："格式"→"多重引线样式"。

方法三：从键盘输入：MLEADERSLYLE。

输入命令后，AutoCAD 显示"多重引线样式管理器"对话框，如图 2-33 所示。

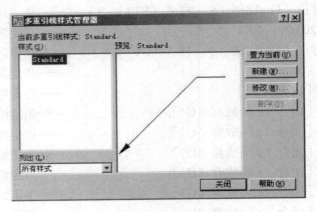

图 2-33 "多重引线样式管理器"对话框

"多重引线样式管理器"对话框左边是"样式"名区，中部为预览区，右边的新建按钮用于创建多重引线样式。单击新建按钮将弹出"创建新多重引线样式"对话框，如图 2-34 所示。

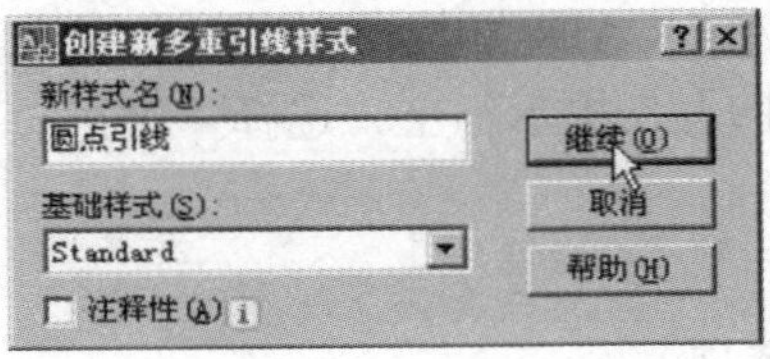

在"创建新多重引线样式"对话框的"新样式名"中输入新建样式名，单击继续按钮，弹出"修改多重引线样式"对话框，如图 2-35 所示。在其中进行相应的设置，然后单击确定按钮，返回"多重引线样式管理器"，单击关闭按钮，所设的样式将被保存并设为当前。

图 2-34 "创建新多重引线样式"对话框

"修改多重引线样式"对话框，除预览框外还有"引线格式"、"引线结构"和"内容"三个选项卡。

（1）"引线格式"选项卡。

1）"类型"下拉列表：可从中选择一种所需的引线形状（直线或样条曲线）。

2）"颜色"下拉列表：可从中选择一种作为引线的颜色。

3）"线型"下拉列表：可从中选择一种作为引线的线型。

4）"线宽"下拉列表：可从中选择一种作为引线的线宽。

5）箭头"符号"下拉列表：可从中选择一种作为引线起点的符号形式。

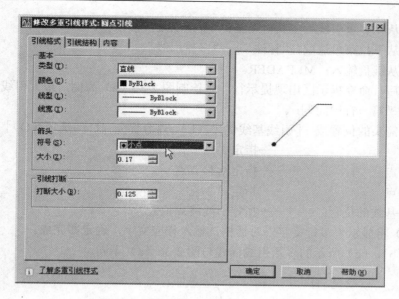

图 2-35　"修改多重引线样式"对话框

6）箭头"大小"文字编辑框：用来设定引线终端符号的大小。

（2）"引线结构"选项卡。

1）"最大引线点数"开关：打开它，可在其后的文字编辑框中设定绘制引线时所给端点的最大数量；关闭它，绘制引线时所给端点的点数无限制。

2）"第一段角度"开关：打开它，可在其后的文字编辑框中设定第一段引线的倾斜角度；关闭它，将不固定第一段引线的倾斜角度。

3）"第二段角度"开关：打开它，可在其后的文字编辑框中设定第二段引线的倾斜角度；关闭它，将不固定第二段引线的倾斜角度。

4）"自动包含基线"开关：用来控制在引线终点是否加一条水平引线。若打开该开关，可在其下编辑框中设置该水平引线的长度。

5）"注释性"开关：打开该开关，用该样式所绘制的多重引线将成为注释性对象。

（3）"内容"选项卡。可从"多重引线类型"下拉列表中选择一项作为引线终端所要注写的内容形式（其中包括"多行文字"、"块"、"无"），选择不同的选项，其下部将显示不同的内容，可按需要进行设置。

说明：

（1）单击"多重引线样式管理器"对话框中的"修改"按钮，可修改已有的多重引线样式。

（2）单击"多重引线样式管理器"对话框中的"置为当前"按钮，可将选中的多重引线样式设置为当前样式。设置当前多重引线样式的常用方式是在"样式"工具栏中的多重引线样式窗口列表中选取。

2. 画多重引线

设置所需的多重引线样式后，应用"多重引线"（MLEADER）命令画多重引线，可按以下方式之一输入命令：

方法一：从"多重引线"工具栏单击："多重引线"按钮 🔎。

方法二：从下拉菜单选取："标注"→"多重引线"。

方法三：从键盘输入：MLEADER。

输入命令后，命令提示区出现提示行［以绘制图 2-36（a）为例，最大引线点数为"4"，设连接位置为"第一行中间"］：

指定引线箭头的位置或 ［引线基线优先（L）/内容优先（C）/选项（O）］ <选项>：

      ——指定 1 点

指定下一点：   ——指定给第 2 点

指定下一点：   ——指定第 3 点

指定引线基线的位置： ——指定引线终点位置

AutoCAD 将显示"多行文字"对话框，输入相应文字，确定即完成。

图 2-36（b）、（c）所示的多重引线样式与图 2-36（a）不同。

图 2-36　画多重引线示例

（a）水流方向引线；（b）文字注释引线；（c）房屋建筑图定位轴线

3. 修改多重引线

根据需要可操作"多重引线"工具栏中"添加引线"按钮、"删除引线"按钮、"多重引线对齐"按钮和"多重引线合并"按钮来修改多重引线。

模块 4　常用编辑命令的操作与应用（TYBZ00706008）

AutoCAD 2008 具有强大的编辑功能，使用 AutoCAD 中的编辑命令，可复制、移动和修改图中的实体。只有熟练掌握 AutoCAD 中常用的图形编辑命令，才能真正实现高效率地绘图。本章介绍绘制工程图中常用的图形编辑命令的功能与操作。

一、编辑命令中选择实体的方式

AutoCAD 编辑命令操作的共同点是：首先输入命令，然后选择要编辑的实体，选择实体后再按提示进行编辑。

实体是指所绘工程图中的图形、文字、尺寸、剖面线等。用一个命令画出的图形或注写的文字，可能是一个实体，也可能是多个实体。例如：用"直线"命令一次画出 5 段连续线是 5 个实体，而用"多段线"命令一次画出 5 段连续线却是一个实体；用"单行文字"命令一次所注写的文字每行是一个实体，而用"多行文字"命令所注写的文字无论多少行都是一个实体。

在 AutoCAD 中进行每一个编辑操作时都需要确定操作对象，也就是要明确对哪一个或哪一些实体进行编辑，此时，AutoCAD 会提示："选择对象：（选择需编辑的实体）"。当选择了实体之后，AutoCAD 用虚像显示它们以示醒目。每次选定实体后，"选择对象："提示会重复出现，直至按【Enter】键（或按鼠标右键）才能结束选择。

AutoCAD 2008 提供了多种选择实体的方法，其中"直接点取方式"、"W 窗口方式"和"C 交叉窗口方式"三种方式最为常用。

当提示行出现"选择对象："时，AutoCAD 处于让用户选择实体的状态，此时屏幕上的十字光标就变成了一个活动的小方框"口"，这个小方框叫"对象拾取框"。

（1）直接点取方式。该方式一次只选一个实体。在出现"选择对象："提示时，直接移动鼠标，让对象拾取框"口"移到所选则的实体上并单击鼠标左键，该实体变成虚像显示即被选中。

（2）W 窗口方式。该方式选中完全在窗口内的实体。在出现"选择对象："提示时，先给出窗口左角点，再给出窗口右角点，完全处于窗口内的实体变成虚像显示即被选中。

（3）C 交叉窗口方式。该方式选中完全和部分在窗口内的所有实体。在出现"选择对象："提示时，先给出窗口右角点，再给出窗口左角点，完全和部分处于窗口内的所有实体都变成虚像显示即被选中。

说明：各种选取实体的方式可在同一命令中交叉使用。

下面再介绍几种常用的选择实体方式：

（1）栏选方式 F。该方式可绘制若干条直线，它用来选中与直线相交的实体。在命令提示行出现"选择对象："提示时，输入"F"，再按提示给出直线的各端点（即栏选点），确定后即选中与这组直线相交的实体。

（2）全选方式。该方式选中图形中所有实体。在命令提示行出现"选择对象："提示时，输入"ALL"，确定后即选中该图形文件中没有冻结和加锁的所有实体。

（3）扣除方式。该方式可撤消同一个命令中已选中的实体。常用的方法是：在命令提示行出现"选择对象："提示时，按下【Shift】键，然后用鼠标点选或窗选，可撤销已选中的实体。

（4）快速选择。在 AutoCAD 中，当需要选择具有某些共同特性的对象时，可利用"快速选择"对话框，根据对象的图层、线型、颜色、图案填充等特性和类型，创建选择集。选择"工具"→"快速选择"命令，可打开"快速选择"对话框，如图 2-37 所示。

二、各种具有复制功能的编辑命令（复制、镜像、阵列、偏移）

1. 复制对象

如果要将选择的实体对象作一次或多次复制，选择"修改"→"复制"命令（COPY），或单击"修改"工具栏中的"复制"按钮，即可复制已有对象的副本，在"指定第二个点或［退出（E）/放弃（U）<退出>："提示下，通过连续指定位移的第二点来创建该对象的其他副本，直到按 Enter 键结束，如图 2-38 所示。

2. 镜像对象

如果要对称地复制一个图形对象，在 AutoCAD 2008 中，可以使用"镜像"命令。选择"修改"→"镜像"命令（MIRROR），或在"修改"工具栏中单击"镜像"按钮即可。执行该命令时，需要选择要镜像的对象，然后依次指定镜像线上的两个端点，命令行将显示"删除源对象吗？［是（Y）/否（N）］<N>："提示信息。如果直接按 Enter 键，则镜像复制对象，并保留原来的对象；如果输入 Y，则在镜像复制对象的同时删除原对象，如图 2-39 所示。注意：控制文字镜像外观的系统变量 mirrtexe，当其设置为 0 时，在镜像图像中文字不会反转或倒置，始终保持原有识读方向；当其设置为 1 时，文字将和图形一样镜像显示。

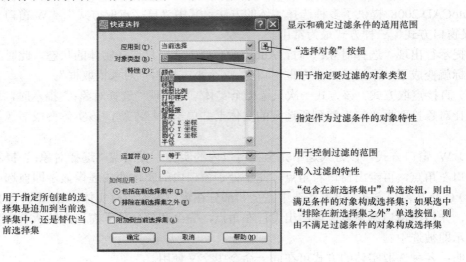

图 2-37　"快速选择"对话框

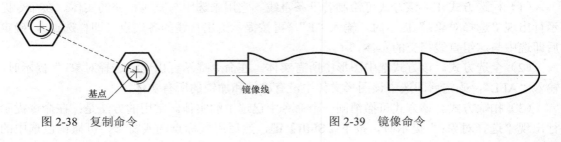

图 2-38　复制命令　　　　　　　　　　　　图 2-39　镜像命令

3．阵列对象

在 AutoCAD 2008 中，还可以通过"阵列"命令多重复制对象。选择"修改"→"阵列"命令（ARRAY），或在"修改"工具栏中单击"阵列"按钮，都可以打开"阵列"对话框，可以在该对话框中设置以矩形阵列或者环形阵列方式多重复制对象。

（1）矩形阵列复制。在"阵列"对话框中，选择"矩形阵列"单选按钮，可以以矩形阵列方式复制对象，如图 2-40 所示。

（2）环形阵列复制。在"阵列"对话框中，选择"环形阵列"单选按钮，可以以环形阵列方式复制图形，如图 2-41 所示。

注意：在矩形阵列时，输入的行距和列距为负值时，则加入的行在原行的下方，加入的列在原列的左方。在环形阵列时，输入的角度为正值，沿逆时针方向旋转；反之，则沿顺时针方向旋转。

4．偏移对象

如果要对指定的直线、圆弧、圆等对象作同心偏移复制，在 AutoCAD 2008 中，可以使用"偏移"命令。在实际应用中，常利用"偏移"命令的特性创建平行线或等距离分布图形。

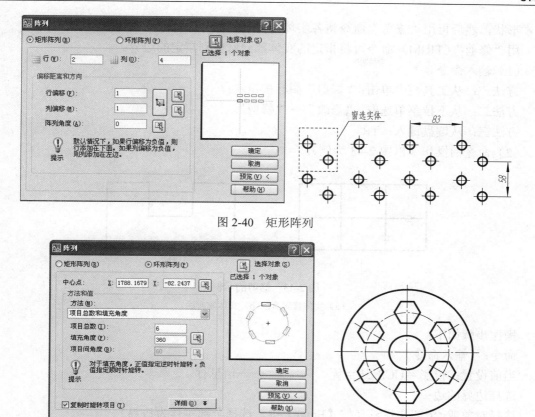

图 2-40　矩形阵列

图 2-41　环形阵列

选择"修改"→"偏移"命令（OFFSET），或在"修改"工具栏中单击"偏移"按钮，执行"偏移"命令，其命令行显示如下提示：

指定偏移距离或［通过（T）/删除（E）/图层（L）］<通过>：

默认情况下，需要指定偏移距离，再选择要偏移复制的对象，然后指定偏移方向，以复制出对象，如图 2-42 所示。

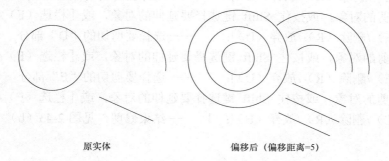

原实体　　　　　　　　　偏移后（偏移距离=5）

图 2-42　偏移命令

三、各种具有修改对象的形状和大小的编辑命令（修剪、延伸、缩放、拉伸、拉长）

1. 修剪对象

在 AutoCAD 中绘图，为了提高绘图速度，常根据所给尺寸，先用绘图命令画出图形的基本形状，然后再用"修剪"命令将各实体中多余的部分去掉。

用"修剪"（TRIM）命令可将指定的实体部分修剪到指定的边界。

（1）输入命令。

方法一：从工具栏中单击："修剪"图标按钮 -/--。

方法二：从下拉菜单选取："修改"→"修剪"。

方法三：从键盘键入：TR。

（2）命令的操作（以图 2-43 为例）。

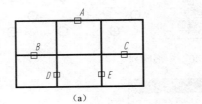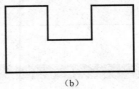

（a）　　　　　　　　　　　　　　　　　　（b）

图 2-43　修剪的示例

（a）实体修剪前；（b）实体修剪后

操作步骤如下：

命令：（输入命令）

当前设置：投影＝UCS 边＝无　　　　　　——信息行

选择边界的边…

选择对象或<全部选择>：（按【Enter】键，选择全部实体为边界）

选择对象：↓　　　　　　　　　　——结束边界选择

选择要修剪的对象，或按住 Shift 键选择要延伸的对象，或［栏选（F）/窗交（C）/投影（P）/边（E）/删除（R）/放弃（U）］：　　　——选择要剪切的"A"部分

选择要修剪的对象，或按住 Shift 键选择要延伸的对象，或［栏选（F）/窗交（C）/投影（P）/边（E）/删除（R）/放弃（U）］：　　　——选择要剪切的"B"部分

选择要修剪的对象，或按住 Shift 键选择要延伸的对象，或［栏选（F）/窗交（C）/投影（P）/边（E）/删除（R）/放弃（U）］：　　　——选择要剪切的"C"部分

选择要修剪的对象，或按住 Shift 键选择要延伸的对象，或［栏选（F）/窗交（C）/投影（P）/边（E）/删除（R）/放弃（U）］：　　　——选择要剪切的"D"部分

选择要修剪的对象，或按住 Shift 键选择要延伸的对象，或［栏选（F）/窗交（C）/投影（P）/边（E）/删除（R）/放弃（U）］：　　　——选择要剪切的"E"部分

选择要修剪的对象，或按住 Shift 键选择要延伸的对象，或［栏选（F）/窗交（C）/投影（P）/边（E）/删除（R）/放弃（U）］：↓　——结束修剪，见图 2-43（b）

命令：

说明：

（1）"修剪"命令中的修剪边界同时也可以作为被修剪的实体。

（2）如果未指定边界并在"选择对象"提示下按 Enter 键，显示的所有对象都将成为可能边界。在修剪若干个对象时，使用不同的选择方法有助于选择当前的剪切边和修剪对象。

（3）修剪命令最后一行提示中，后五项的含义是：

　　1)"栏选（F）"选项：选择它，可用栏选方式选择要修剪或延伸的实体，一次修剪或延伸多个实体。

　　2)"窗交（C）"选项：选择它，可用 C 窗口方式选择要修剪或延伸的实体，一次修剪或延伸多个实体。

　　3)"投影（P）"选项：用于确定是否指定或使用投影方式。

　　4)"边（E）"选项：用于指定延伸的边方式。其有"延伸"与"不延伸"两种方式。"不延伸"方式限制延伸后实体必须与边界相交才可延伸；"延伸"方式对延伸后被延伸实体是否与边界相交没有限制。

　　5)"放弃（U）"选项：撤消延伸命令中最后一次操作。

　　2. 延伸对象

　　绘图时常会出现误差，当所绘两线段相交处出现出头或间隙时，如图 2-44（a）所示，用"修剪"命令或"延伸"命令去掉出头或画出间隙处的线段是最准确、最快捷的方法，效果如图 2-44（b）所示。

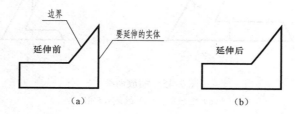

图 2-44　延伸命令示例

（a）原始图；（b）延伸命令后效果

（1）输入命令。

方法一：从工具栏中单击："延伸"图标按钮 —/ 。

方法二：从下拉菜单选取："修改"→"延伸"。

方法三：从键盘键入：EX。

（2）命令的操作（以图 2-44 为例）。

命令：　　　　　　　　　　　　　　——输入命令

当前设置：投影＝UCS，边＝无　　　——信息行

选择边界的边…

选择对象或<全部选择>：　　　　　　——选择边界实体，默认所有对象为边界

选择对象：↓　　　　　　　　　——结束边界选择

选择要延伸的对象，或按住 Shift 键选择要修剪的对象，或［栏选（F）/窗交（C）/投影（P）/边（E）/放弃（U）］：　　　　　　　——点取要延伸的实体

选择要延伸的对象，或按住 Shift 键选择要修剪的对象，或［栏选（F）/窗交（C）/投影（P）/边（E）/放弃（U）］：↓　　　　——结束延伸

命令：

说明：

1) 以上操作是命令的默认方式，是常用的方式。

2)"延伸"命令提示行中的其他选项与"修剪"命令中的同类选项含义相同。

3. 缩放对象

在 AutoCAD 2008 中，可以使用"缩放"命令按比例增大或缩小对象。选择"修改"→"缩放"命令（SCALE），或在"修改"工具栏中单击"缩放"按钮，可以将对象按指定的比例因子相对于基点进行尺寸缩放。先选择对象，然后指定基点，命令行将显示"指定比例因子或 ［复制（C）/参照（R）］<1.0000>："提示信息。如果直接指定缩放的比例因子，对象将根据该比例因子相对于基点缩放，当比例因子大于 0 而小于 1 时缩小对象，当比例因子大于 1 时放大对象；如果选择"参照（R）"选项，对象将按参照的方式缩放，需要依次输入参照长度的值和新的长度值，AutoCAD 根据参照长度与新长度的值自动计算比例因子（比例因子=新长度值/参照长度值），然后进行缩放，如图 2-45 所示。

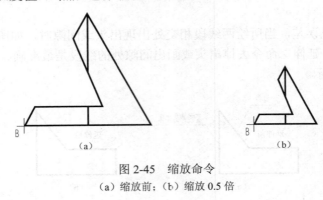

图 2-45　缩放命令
（a）缩放前；（b）缩放 0.5 倍

4. 拉伸对象

选择"修改"→"拉伸"命令（STRETCH），或在"修改"工具栏中单击"拉伸"按钮，就可以移动或拉伸对象，操作方式根据图形对象在选择框中的位置决定。执行该命令时，可以使用"交叉窗口"方式或者"交叉多边形"方式选择对象，然后依次指定位移基点和位移矢量，将会移动全部位于选择窗口之内的对象，而拉伸（或压缩）与选择窗口边界相交的对象，如图 2-46 所示。

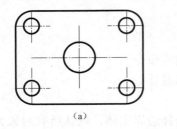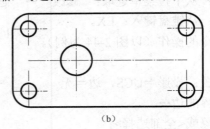

图 2-46　拉伸命令
（a）拉伸前；（b）拉伸后

5. 拉长对象

选择"修改"→"拉长"命令（LENGTHEN），或在"修改"工具栏中单击"拉长"按钮，即可修改线段或者圆弧的长度。

四、删除、移动、旋转和对齐对象的编辑命令

1. 删除对象

选择"修改"→"删除"命令（ERASE），或在"修改"工具栏中单击"删除"按钮，就可以删除图形中选中的对象。

2. 移动对象

移动对象是指对对象的重新定位。选择"修改"→"移动"命令（MOVE），或在"修改"工具栏中单击"移动"按钮，可以在指定方向上按指定距离移动对象，对象的位置发生了改变，但方向和大小不改变。

3. 旋转对象

选择"修改"→"旋转"命令（ROTATE），或在"修改"工具栏中单击"修改"按钮，可以将对象绕基点旋转指定的角度，如图 2-47 所示。

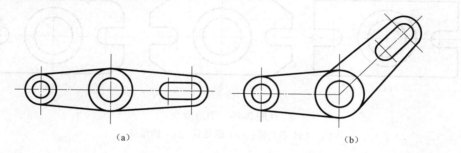

（a）　　　　　　　　　　　　　　　（b）

图 2-47　旋转命令

（a）原实体；（b）旋转后（旋转角度=45°）

在命令行将显示"指定旋转角度或　［复制（C）参照（R）］<O>"提示信息时，如果直接输入角度值，则可以将对象绕基点转动该角度，角度为正时逆时针旋转，角度为负时顺时针旋转；如果选择"参照（R）"选项，将以参照方式旋转对象，需要依次指定参照方向的角度值和相对于参照方向的角度值。

4. 对齐对象

选择"修改"→"三维操作"→"对齐"命令（ALIGN），可以使当前对象与其他对象对齐，它既适用于二维对象，也适用于三维对象。

在对齐二维对象时，可以指定 1 对或 2 对对齐点（源点和目标点），在对齐三维对象时，则需要指定 3 对对齐点，如图 2-48 所示。

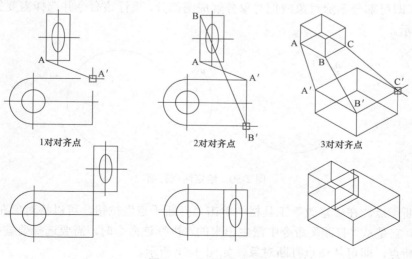

1对对齐点　　　　　　　2对对齐点　　　　　　　3对对齐点

图 2-48　"对齐"命令

五、倒角、圆角、打断、合并和分解对象的编辑命令

1. 倒角对象

在 AutoCAD 2008 中，可以使用"倒角"命令修改对象使其以平角相接。选择"修改"→"倒角"命令（CHAMFER），或在"修改"工具栏中单击"倒角"按钮，执行该命令后，可以设定倒角距离（D）、设定角度（A）、设定多义线（P）、设定是否要修剪（T）的方式进行倒角。设定完成后，选择需要倒角的两个边，即可为对象绘制倒角，如图 2-49（b）所示。

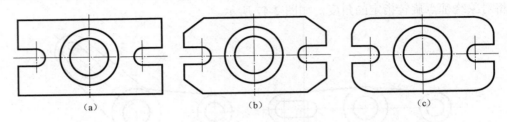

图 2-49 倒角命令

（a）倒角前；（b）倒角后；（c）圆角后

2. 圆角对象

在 AutoCAD 2008 中，可以使用"圆角"命令修改对象使其以圆角相接。修圆角的方法与修倒角的方法相似，选择"修改"→"圆角"命令（FILLET），或在"修改"工具栏中单击"圆角"按钮，在命令行提示中，选择"半径（R）"选项，即可设置圆角的半径大小，选择需要倒圆的两个边即可完成操作，如图 2-49 所示。"倒圆"也可以对多义线（P）进行倒圆角；Trim 命令是在倒圆角时是否设定修剪的方式。。

注意：当设定倒角距离和圆角的半径为"0"时，可以对图形完成"90°"的修剪。

3. 打断对象

在 AutoCAD 2008 中，使用"打断"命令可部分删除对象或把对象分解成两部分，还可以使用"打断于点"命令将对象在一点处断开成两个对象。

（1）打断对象。选择"修改"→"打断"命令（BREAK），或在"修改"工具栏中单击"打断"按钮，即可部分删除对象或把对象分解成两部分。执行该命令并选择需要打断的对象，如图 2-50 所示。

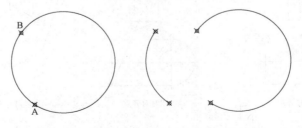

图 2-50 给定两点打断

（2）打断于点。在"修改"工具栏中单击"打断于点"按钮，可以将对象在一点处断开成两个对象，它是从"打断"命令中派生出来的。执行该命令时，需要选择要被打断的对象，然后指定打断点，即可从该点打断对象，如图 2-51 所示。

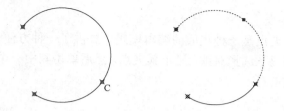

图 2-51　给定两点打断

4. 合并对象

如果需要连接某一连续图形上的两个部分，或者将某段圆弧闭合为整圆，可以选择"修改"→"合并"命令或在命令行输入 JOIN 命令，也可以单击"修改"工具栏上的"合并"按钮，如图 2-52 所示。

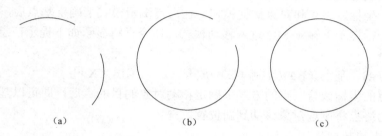

　（a）　　　　　　　　　　（b）　　　　　　　　　（c）

图 2-52　合并对象

（a）合并前；（b）合并后；（c）闭合后

5. 分解对象

对于矩形、块等由多个对象组成的组合对象，如果需要对单个成员进行编辑，就需要先将它分解开。选择"修改"→"分解"命令（EXPLODE），或在"修改"工具栏中单击"分解"按钮，选择需要分解的对象后按 Enter 键，即可分解图形并结束该命令。

六、使用夹点编辑对象（拉伸、移动、旋转、缩放、镜像）

在 AutoCAD 中，还可以使用夹点对图形进行简单编辑，或综合使用"修改"菜单和"修改"工具栏中的多种编辑命令对图形进行较为复杂的编辑。

1. 夹点

选择对象时，在对象上将显示出若干个小方框，这些小方框用来标记被选中对象的夹点，夹点就是对象上的控制点（缺省颜色为蓝色）。当光标移到夹持点上时，光标处于夹点上（缺省颜色为绿色），此时单击它，夹点就会变成实心方块（缺省颜色为红色），表示此夹点被激活，如图 2-53 所示。

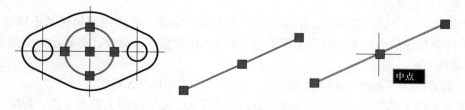

图 2-53　实体上的夹点

2. 使用夹点拉伸对象

在 AutoCAD 中，夹点是一种集成的编辑模式，提供了一种方便快捷的编辑操作途径。在不执行任何命令的情况下选择对象，显示其夹点，然后单击其中一个夹点作为拉伸的基点，命令行将显示如下提示信息：

** 拉伸 **

指定拉伸点或 ［基点（B）/复制（C）/放弃（U）/退出（X）］:（根据可完成相关操作）

默认情况下，指定拉伸点（可以通过输入点的坐标或者直接用鼠标指针拾取点）后，AutoCAD 将把对象拉伸或移动到新的位置。因为对于某些夹点，移动时只能移动对象而不能拉伸对象，如文字、块、直线中点、圆心、椭圆中心和点对象上的夹点。

3. 使用夹点移动对象

移动对象仅仅是位置上的平移，对象的方向和大小并不会改变。要精确地移动对象，可使用捕捉模式、坐标、夹点和对象捕捉模式。在夹点编辑模式下确定基点后，点右键快捷菜单选项或在命令行提示下输入 MO 进入移动模式，命令行将显示如下提示信息：

** 移动 **

指定移动点或 ［基点（B）/复制（C）/放弃（U）/退出（X）］:

通过输入点的坐标或拾取点的方式来确定移动对象的目的点后，即可以基点为移动的起点，以目的点为终点将所选对象移动到新位置。

4. 使用夹点旋转对象

在夹点编辑模式下，确定基点后，点右键快捷菜单选项或在命令行提示下输入 RO 进入旋转模式，命令行将显示如下提示信息：

** 旋转 **

指定旋转角度或 ［基点（B）/复制（C）/放弃（U）/参照（R）/退出（X）］:

默认情况下，输入旋转的角度值后或通过拖动方式确定旋转角度后，即可将对象绕基点旋转指定的角度。也可以选择"参照"选项，以参照方式旋转对象，还可以同时复制旋转对象。

5. 使用夹点缩放对象

在夹点编辑模式下确定基点后，点右键快捷菜单选项或在命令行提示下输入 SC 进入缩放模式，命令行将显示如下提示信息：

** 比例缩放 **

指定比例因子或 ［基点（B）/复制（C）/放弃（U）/参照（R）/退出（X）］:

默认情况下，当确定了缩放的比例因子后，AutoCAD 将相对于基点进行缩放对象操作。当比例因子大于 1 时放大对象；当比例因子大于 0 而小于 1 时缩小对象。

6. 使用夹点镜像对象

与"镜像"命令的功能类似，镜像操作后将删除原对象。在夹点编辑模式下确定基点后，点右键快捷菜单选项或在命令行提示下输入 MI 进入镜像模式，命令行将显示如下提示信息：

** 镜像 **

指定第二点或 ［基点（B）/复制（C）/放弃（U）/退出（X）］:

指定镜像线上的第 2 个点后，AutoCAD 将以基点作为镜像线上的第 1 点，新指定的点为镜像线上的第 2 个点，将对象进行镜像操作并删除原对象。

模块 5　工程图中的文字标注（TYBZ00706009）

一、创建文字样式

用"文字样式"（STYLE）命令可创建新的文字样式或修改已有的文字样式。

设置绘图环境，要用"文字样式"命令创建"工程图中汉字"和"工程图中数字和字母"两种文字样式。

1. 输入命令

方法一：从工具栏单击："文字样式"图标按钮 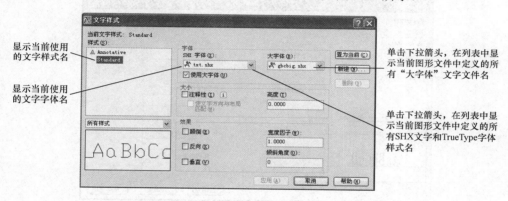。

方法二：从下拉菜单选取："格式"→"文字样式…"。

方法三：从键盘键入：ST。

2. 命令的操作

输入命令后，AutoCAD 显示"文字样式"对话框，如图 2-54 所示。

图 2-54　"文字样式"对话框

（1）创建和修改文字样式。

除了默认的 STANDARD 文字样式外，必须创建任何所需的文字样式。

单击该按钮将弹出"新建文字样式"对话框，在该对话框的"样式名"文字编辑框中输入新建文字样式名（最多 31 个字母、数字或特殊字符），单击确定按钮，返回"文字样式"对话框。在其中进行相应的设置，然后单击应用按钮，退出该对话框，所设新文字样式将被保存并且成为当前样式。

（2）指定文字字体。在 AutoCAD 中，除了可以使用自带编译的 SHX 字体，还可以使用 Windows 中 TrueType 字体；可以在"文字样式"对话框的列表中选择到相应的字体文件，将字体指定给文字样式。

（3）设置文字效果。通过修改设置，可以在"文字样式"对话框中修改现有的样式；也可以更新使用该文字样式的现有文字来反映修改的效果。

1)"颠倒"开关：该开关用于控制字符是否字头反向放置。

2)"反向"开关：用于控制成行文字是否左右反向放置。

3)"垂直"开关：用于控制成行文字是否竖直排列。

4)"宽度因子"文字编辑框:用于设置文字的宽度。如果因子值大于 1,则文字变宽;如果因子值小于 1,则文字变窄。"倾斜角度"文字编辑框:用于设置文字的倾斜角度。角度设为 0 时,文字字头垂直向上;输入正值,字头向右倾斜;输入负值,字头向左倾斜。

3. 创建"工程图中汉字"文字样式

"工程图中汉字"文字样式,用于在工程图中注写符合国家技术制图标准规定的汉字(长仿宋体)。其创建过程如下:

(1)输入"文字样式"(STYLE)命令,弹出"文字样式"对话框。

(2)单击新建按钮,弹出"新建文字样式"对话框,输入"汉字"文字样式名,单击确定按钮,返回"文字样式"对话框。

(3)在字体区,首先关闭"使用大字体"开关,然后在"字体名"下拉列表中选择"T 仿宋_GB2312";在"宽度因子"框中输入 0.7(即使所选汉字为长仿宋体),其他使用默认值。各项设置如图 2-55 所示。

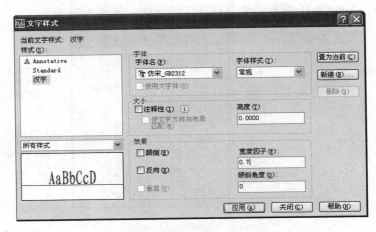

图 2-55　创建"汉字"文字样式

(4)单击应用按钮,完成创建。

(5)如不再创建其他样式,单击关闭按钮,退出"文字样式"对话框,结束命令。

AutoCAD 提供了符合标注要求的字体形文件:gbenor.shx、gbeitc.shx 和 gbcbig.shx 文件。其中,gbenor.shx 和 gbeitc.shx 文件分别用于标注直体和斜体字母与数字;gbcbig.shx 则用于标注中文。

4. 创建"工程图中数字和字母"文字样式

"工程图中数字和字母"文字样式,用于在工程图中注写符合国家技术制图标准的数字和字母。其创建过程如下:

(1)输入"文字样式"(STYLE)命令,弹出"文字样式"对话框。

(2)单击新建按钮,弹出"新建文字样式"对话框,输入"数字和字母"文字样式名,单击确定按钮,返回"文字样式"对话框。

(3)在"SHX 字体"(或"字体名")下拉列表中选择"gbeitc.shx"字体,其他使用默认值。各项设置如图 2-56 所示。

(4)单击应用按钮,完成创建。

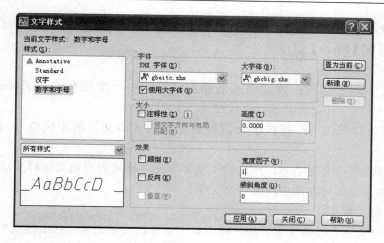

图 2-56　创建"数字和字母"文字样式实例

（5）单击关闭按钮，退出"文字样式"对话框，结束命令。

说明：

（1）打开该区的"注释性"开关，用该样式所注写的文字将会成为注释性对象，应用注释性，可方便地将布局不同比例窗口中的注释性对象大小设为一致。

（2）如果设置文字的高度时输入一个非零值，则 AutoCAD 将此值用于所设的文字样式，使用该样式在注写文字时，文字高度不能改变；如果输入"0"，字体高度可在注写文字命令中重新给出。

二、注写文字

AutoCAD 2008 有很强的文字处理功能，它提供了单行文字和多行文字两种注写文字的方式。

使用 AutoCAD 绘制工程图，要使图中注写的文字符合技术制图标准，应首先将所需的文字样式设置为当前文字样式。

1. 注写单行文字

注写工程图中简短的说明、标题栏中文字，常应用"单行文字"（DTEXT）命令。该命令可用下列方式之一输入：

方法一：从"文字"工具栏单击："单行文字"按钮 **AI**。

方法二：从下拉菜单选取："绘图"→"文字"→"单行文字"。

方法三：从键盘键入：DT。

2. 基本操作

命令：　　　　　　　　　　　　　　　——输入命令

当前文字样式："汉字"，文字高度：3.50，注释性：否——该行为信息行

指定文字的起点或［对齐（J）/样式（S）］：——用鼠标给该行文字的左下角点

指定高度 <2.5>：　　　　　　　　　——给字高

指定文字的旋转角度 <0>：　　　　　　——给文字的旋转角

在绘图区光标闪动处：　　　　　　　　——输入文字，如要换行，按【Enter】键

输入完第一处文字后，用鼠标给定另一处文字的起点，将可输入另一处文字。此操作重

复进行，即能输入若干处相互独立的同字高、同旋转角、同文字样式的文字，直到按【Enter】键换行输入，再按【Enter】键结束命令。

其他选项：

（1）"样式（S）"选项：该选项可选择当前图形中一个已有的文字样式为当前文字样式。

（2）"对齐（J）"选项：提供了十四种对正模式（即文字的定位点），读者根据需要设置。

说明：当要注写中文文字时，应先设"汉字"文字样式为当前文字样式，输入文字时，激活一种汉字输入法即可在图中注写中文文字。

3. 注写多行文字

"多行文字"又称为段落文字，是一种更易于管理的文字对象。在工程图中注写分式、上下标、角码、字体形状不同、字体大小不同等复杂的文字组，应用"多行文字"（MTEXT）命令，它具有控制所注写文字字符格式及段落文字特性等功能。该命令以多行方式输入文字，即同一命令中的所有文字是同一个实体。

选择"绘图"→"文字"→"多行文字"命令（MTEXT），或在"绘图"工具栏中单击"多行文字"按钮，然后在绘图窗口中指定一个用来放置多行文字的矩形区域，将打开"文字格式"工具栏和文字输入窗口。利用它们可以设置多行文字的样式、字体及大小等属性。

（1）使用"文字格式"工具栏，如图 2-57 所示。使用"文字格式"工具栏，可以设置文字样式、文字字体、文字高度、加粗、倾斜或加下划线效果。

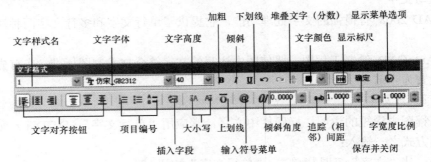

图 2-57　创建多行文字的"文字格式"工具条及其说明

单击"堆叠/非堆叠"按钮，可以创建堆叠文字（堆叠文字是一种垂直对齐的文字或分数）。在使用时，需要分别输入分子和分母（包括电气图中的尺寸偏差的标注），其间使用/、#或^分隔，然后选择这一部分文字，单击按钮即可。

（2）设置缩进、制表位和多行文字宽度。在文字输入窗口的标尺上右击，从弹出的标尺快捷菜单中选择"缩进和制表位"命令，打开"缩进和制表位"对话框，可以从中设置缩进和制表位位置。其中，在"缩进"选项组的"第一行"文本框和"段落"文本框中设置首行和段落的缩进位置；在"制表位"列表框中可设置制表符的位置，单击"设置"按钮可设置新制表位，单击"清除"按钮可清除列表框中的所有设置。

在标尺快捷菜单中选择"设置多行文字宽度"子命令，可打开"设置多行文字宽度"对话框，在"宽度"文本框中可以设置多行文字的宽度，如图 2-58 所示。

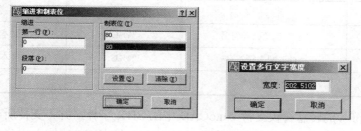

图 2-58　"设置多行文字宽度"对话框

（3）使用选项菜单输入特殊符号。在"文字格式"工具栏中单击"选项"按钮，打开多行文字的选项菜单，可以对多行文本进行更多的设置。在文字输入窗口中右击，将弹出一个快捷菜单，该快捷菜单与选项菜单中的主要命令一一对应，如图 2-59 所示。

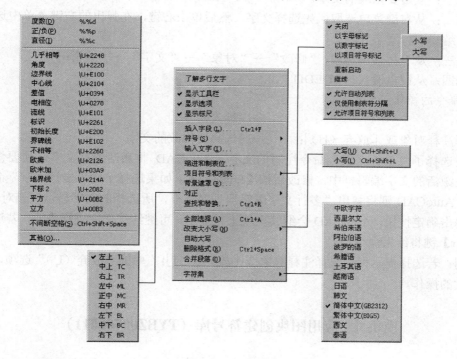

图 2-59　特殊符号

（4）输入文字。在多行文字的文字输入窗口中，可以直接输入多行文字，也可以在文字输入窗口中右击，从弹出的快捷菜单中选择"输入文字"命令，将已经在其他文字编辑器中创建的文字内容直接导入到当前图形中。

4. 使用文字控制符

在实际绘图中，往往需要标注一些特殊的字符。例如，在文字上方或下方添加划线、标注度（°）、±、φ 等符号。这些特殊字符不能从键盘上直接输入，因此 AutoCAD 提供了相应的控制符，以实现这些标注要求，如表 2-2 所示。

表 2-2 文字控制符含义

文字控制符	含　义	文字控制符	含　义
%%P	"±"正负公差符号	%%O	文本上划线开关
%%C	"φ"圆直径符号	%%U	文本下划线开关
%%D	"°"度符号		

说明：特殊符号的转意符仅支持 AutoCAD 中的 SHX 字体，并不支持所有的 TrueType 字体，例如：特殊文字中"Φ"直径符号在中文字体"T 仿宋_GB2312"中显示为"?"。

三、修改文字的内容

用"编辑"（DDEDIT）命令可修改已注写文字的内容。

1. 输入命令

方法一：双击要修改的文字。

方法二：从右键菜单选取：先选择文字，然后单击右键，在弹出的右键菜单中选择"编辑"或"编辑多行文字"项。

方法三：从下拉菜单选取："修改"→"对象"→"文字"→"编辑…"。

方法四：从键盘键入：DDEDIT。

2. 命令的操作

命令：　　　　　　　　　　　　——输入命令

选择注释对象或［放弃（U）］：　　——选择要修改的文字

如果选择了"单行文字"命令注写的文字，AutoCAD 将激活该行文字，使要修改的文字显示在激活的文字编辑框中，修改后按【Enter】键，如果选择了用"多行文字"命令注写的文字，AutoCAD 则将弹出"多行文字编辑器"对话框，所选择的文字显示在该对话框中，修改后单击确定按钮，AutoCAD 会继续出现上行提示，可继续选文字进行修改，若连续按两次【Enter】键将结束命令。

说明：若选择提示行"选择注释对象或［放弃（U）］："中的"放弃（U）"选项，将撤消最后一次的操作。

模块 6　应用图块创建符号库（TYBZ00706011）

在工程图中常常会有一些重复出现的结构、符号等，在 AutoCAD 中可以把这些经常重复出现的结构做成图块存放在一个图形库中，当绘制这些结构时，就可以用插入图块的方法来实现，这样可避免大量的重复工作，从而提高绘图速度。

图块是一个或多个对象组成的对象集合。一旦一组对象组合成块，就可以根据作图需要将这组对象插入到图中任意指定位置，而且还可以按不同的比例和旋转角度插入，并根据需要为图块创建属性，指定它的名称、用途及设计者等信息，在实践中使用非常广泛。

一、创建和使用普通块

普通块用于形状和文字内容都不需要变化的情况，如工程图中的对称符号、电气图形符号等。

（一）创建普通块

用"创建块"（BLOCK）命令可在当前图形文件中创建块。

（1）输入命令。

方法一：从工具栏单击："创建块"图标按钮 ⬚。

方法二：从下拉菜单选取："绘图"→"块"→"创建（M）..."。

方法三：从键盘键入：BLOCK。

（2）命令的操作。

命令：　　　　　　　——输入命令

立刻弹出图 2-60 所示的"块定义"对话框。

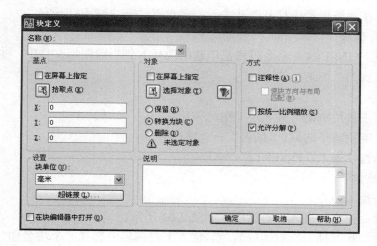

图 2-60　"块定义"对话框

具体操作如下：

1）在"名称"文字编辑框中输入要创建的块名称。

2）确定块的插入点：单击"基点"区的"拾取点"按钮进入绘图状态，命令区出现提示：

指定插入点：　　　——在图上指定块的插入点

指定插入点后，又重新显示"块定义"对话框。也可在该按钮下边的"X"、"Y"、"Z"文字编辑框中输入坐标值来指定插入点。

3）选择要定义的实体：单击"对象"区的"选择对象"按钮进入绘图状态，同时命令区出现提示：

选择对象：　　　　——选择要定义的实体

选择对象：↓

选定实体后，又重新显示"块定义"对话框。

4）进行相关的设置，完成创建。

根据需要设定其他操作项，然后单击确定按钮，完成块的创建。

"块定义"对话框中其他操作项的含义：

①"对象"区中"保留"单选钮：选中它，定义块后以原特性保留用来定义块的实体。

②"对象"区中"转换为块"单选钮：选中它，定义块后将定义块的实体转换为块。

③"对象"区中"删除"单选钮：选中它，定义块后，删除当前图形中定义块的实体。

④"对象"区中"快速选择"按钮：单击该按钮可从随后弹出的对话框中定义选择集。

⑤"设置"区中"块单位"下拉列表：用来选择块插入时的单位。一般使用默认选项"无单位"。

⑥"方式"区中"注释性"开关：打开它，所创建的块将成为注释性对象。

⑦"方式"区中"按统一比例缩放"开关：打开它，在块插入时，X 和 Y 方向以同一比例缩放；关闭它，在块插入时，可沿 X 和 Y 方向以不同比例缩放。

⑧"方式"区中"允许分解"开关：打开它，所创建的块允许用"分解"命令分解。

⑨右下角"说明"文字编辑框：用来输入对所定义块的用途或其他相关描述文字。

⑩左下角"在块编辑器中打开"开关：需要设置动态块时应打开它。

（二）使用普通块

用"插入块"（INSERT）命令可将已创建的块插入到当前图形文件中，也可选择某图形文件作为块插入到当前图形文件中。

1. 输入命令

方法一：从工具栏单击"插入块"图标按钮 。

方法二：从下拉菜单选取："插入"→"块…"。

方法三：从键盘键入：INSERT。

2. 命令的操作

命令：——输入命令

输入命令后，弹出"插入"对话框，如图 2-61 所示。

（1）选择块：从"插入"对话框的"名称"下拉列表中选择一个块名称，该名称将出现在"插入"对话框的"名称"窗口中。若单击窗口右边的浏览按钮，可从随后弹出的对话框中指定路径，选择一个块文件，被选中的块文件名称将出现在"插入"对话框的"名称"窗口中。

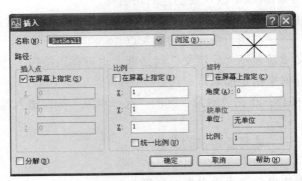

图 2-61 "插入"对话框

（2）指定插入点、缩放比例、旋转角度：若定义块时打开了"按统一比例缩放"开关，"插入"对话框中"统一比例"开关将灰显，不可用。以此状态为例：将"插入点"、"缩放比例"、"旋转"三个区中"在屏幕上指定"的开关都打开，单击确定按钮，AutoCAD 退出"插入"对话框返回图纸。同时命令提示区将出现提示：

指定插入点或［基点（B）/比例（S）/旋转（R）］:

　　　　　　　　　——在图纸上用目标捕捉指定插入点

指定比例因子 <1>:　　——若不改变大小直接按【Enter】键，若改变大小应从键盘输入

　　　　　　　　　　　比例因子或拖动指定

指定旋转角度 <0>:　　——若不改变角度直接按【Enter】键，若改变角度应从键盘输入

　　　　　　　　　　　插入后块绕插入点旋转的角度或拖动指定

命令:

说明:

1）定义块时若没有打开"按统一比例缩放"开关，在"插入"对话框中"统一比例"开关将可用，打开它，AutoCAD 将会同上提示，关闭它，AutoCAD 在提示行中将会让用户分别指定 X 和 Y 方向的比例因子。插入块时，比例因子可正可负，若为负值，其结果是插入镜像图。

2）在"插入"对话框中，如果打开了"分解"开关，表示块插入后要分解成一个个单一的实体。一般使用默认状态关闭"分解"开关，需要编辑某个块时，再使用"分解"命令将该块分解。

3）创建图块的图层属性与插入图块时的图层属性之间的关系：创建于 0 图层上的图块属性插入到被绘制的当前图层上；块中位于其他图层上的实体仍在它原来的图层上；若没有与块同名的图层，AutoCAD 将给当前图形增加相应的图层。

二、创建和使用属性图块

块属性是附属于块的非图形信息，是特定的可包含在块定义中的文字对象。在定义一个块时，属性必须预先定义而后被选定。属性通常用于在块的插入过程中进行自动注释，常用于图形相同而文字内容需要变化的情况。如电气工程图中高程符号、带有文字符号和项目符号的电气图形符号、型钢编号等，将它们创建为有属性文字的块，插入时可按需要指定块中的文字内容。

（一）创建属性块

以创建带有文字符号（R1）的电气图形符号"电阻"为例讲述创建过程。

（1）绘制属性块中的图形部分。

在尺寸图层上，按制图标准 1:1 画出块中的图形部分（宽高比为 1:4 的矩形）。

（2）定义块中内容需要变化的文字（即属性文字）。

从下拉菜单选取："绘图"→"块"→"定义属性…"，输入命令后，AutoCAD 弹出"属性定义"对话框，设置如图 2-62 所示。

（二）使用属性块

以使用"文字符号"的电阻的属性块插入为例看操作过程。

从工具栏单击"插入块"图标按钮输入命令，选择属性块"文字符号"，指定插入点、比例因子和旋转角度后，AutoCAD 在命令行将继续提示：

输入属性值（信息行）文字符号<R>: R1↓　——输入一个新值（或按 【Enter】键使

　　　　　　　　　　　　　　　　　　　　用默认值），确定后结束命令，AutoCAD

　　　　　　　　　　　　　　　　　　　　将插入一个属性块

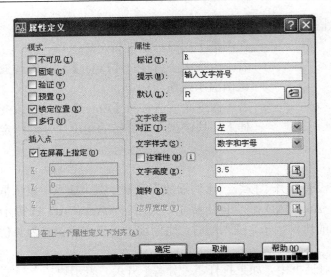

图 2-62　"属性定义"对话框

（三）创建和使用动态块

动态块是具有一定灵活性和智能性的图块，用户可以通过自定义夹点特性轻松更改操作图块及属性，动态块可在位进行拉伸、翻转、阵列、旋转、移动等，动态块中可包括属性文字。电气工程图中的能自由变动属性位置的电气图形符号、标准构件和示意图例等均可创建为动态块。

1. 创建动态块

（1）创建思路：

1）先绘制动态块中的图形部分；

2）如动态块中有内容需要变化的文字，绘制图形部分后，应操作"属性定义"对话框将文字创建为属性文字。

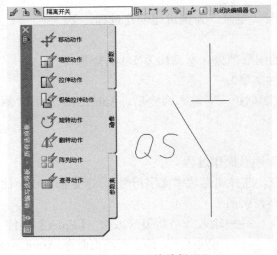

图 2-63　进入"块编辑器"

3）创建图块，并在"块编辑器"中为动态块设置动作参数。

（2）操作"创建块"命令进入"块编辑器"：从工具栏单击"创建块"图标按钮输入命令，弹出"块定义"对话框，指定要创建为图块的实体、插入点和名称，然后打开对话框左下角的"在块编辑器中打开"开关，单击确定按钮后，AutoCAD 进入"块编辑器"，如图 2-63 所示。

2. 在"块编辑器"中设置动作

在"块编辑器"中设置动作，首先应为块添加参数。具体步骤如下：

（1）为块添加参数。单击"块编写选项板"上的"参数"选项卡，首先选择其中的

"翻转参数"项，按提示操作后，为块添加上图 2-64（a）中所示的线性"翻转参数"项，该距离的尺寸线方向（即蓝色三角所指方向）为阵列的方向；再选择"旋转参数"项，按提示指定插入点处为基准点、参数半径随意拖动给定、旋转角度拖动给 360°、标签位置给在文字附近，为块添加上图 2-64（b）中所示的角度"旋转参数"。

（2）为参数添加动作。

单击"块编写选项板"上的"动作"选项卡，首先选择其中的"翻转动作"项，按提示选择"翻转"为参数，选择图形为对象，即可为块添加上图 2-64（b）中所示的"翻转 1"动作；再选择"旋转动作"项，选择文字为对象，即可为块添加上图 2-64（b）中所示的"旋转 1"动作。

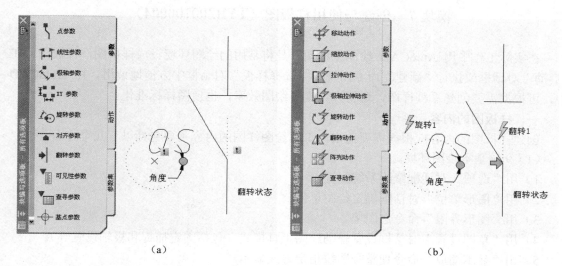

（a）　　　　　　　　　　　　　（b）

图 2-64　在"块编辑器"设置动作

（a）翻转参数；（b）旋转参数

（3）保存动态块。单击"块编辑器"上行的按钮，在弹出的保存对话框中选择"是"，AutoCAD 将退出"块编辑器"，完成动态块的创建。

说明："块编写选项板"中"参数集"选项卡的各项将参数和动作进行关联，即可直接选项，按提示操作为块一并添加参数和动作。

三、使用动态块

以使用"隔离开关"动态块为例讲述操作过程。

操作"插入块"命令：从工具栏单击"插入块"图标按钮输入命令，选择动态块"隔离开关"，按需要指定插入点、比例因子和旋转角度，确定后结束命令，AutoCAD 将在指定位置插入动态块。图 2-65 所示是动态块"隔离开关"插入后的效果。

显示动态块夹点后，单击"翻转"夹点，激活了翻转参数，图块沿指定的方向进行翻转。如果需要改变文字角度，再单击"旋转"夹点，即激活了旋转参数，可用拖动的方法沿旋转基点转动至合适的位置。

说明："参数"选项卡中的参数有的可与多个动作协作，有的参数仅对应一个动作。动态块中的"可见性"可创建系列块，实现一块多用。

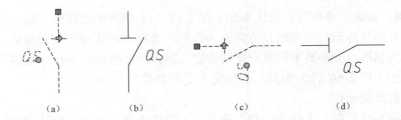

图 2-65　使用"隔离开关"动态块示例

（a）图形翻转前；（b）图形翻转后；（c）文字旋转前；（d）文字旋转后

模块 7　创建与使用样板图（TYBZ00706004）

在实际工作中用 AutoCAD 绘制工程图，是将常用的绘图环境设成样板图，样板图可在"启动"对话框或执行"新建"命令出现的"选择样板"对话框中方便地调用。在 AutoCAD 中，可根据需要创建系列样图，这将大大提高绘图效率，也使图样标准化。

一、样板图的内容

创建样板图的内容应根据需要而定，工程绘图样图的内容主要包括以下几个方面：

（1）9 项基本绘图环境。

1）用"选项"对话框修改系统配置。

2）用"图形单位"对话框确定绘图单位。

3）用"图形界限"命令选图幅。

4）用"草图设置"对话框设置辅助绘图工具模式（包括固定捕捉和极轴设置等）。

5）用"显示缩放"命令使整张图按指定方式显示。

6）用"线型管理器"对话框装入虚线、点画线等线型，并设定适当的线型比例。

7）用"图层特性管理器"对话框创建绘制工程图所需要的图层。

8）用"文字样式"对话框设置工程图中所用的两种文字样式。

9）用相关的绘图命令绘制图框标题栏并注写文字。

（2）两种基础尺寸标注样式和其他所需的标注样式。用"标注样式"命令创建"直线"和"圆引出与角度"两种基础标注样式。

（3）常用块。用"创建块"命令将本专业图样中常用的符号、结构、构件等创建为相应的块。

二、样板图的创建

创建样板图的方法有多种，本节介绍两种常用的方法。

1. 用"选择样板"对话框中的"acadiso"样板创建样图

该方法主要用于首次创建样图。具体操作如下：

（1）输入"新建"命令，出现"选择样板"对话框，选择"acadiso"样板项，单击确定按钮，进入绘图状态。

（2）设置样图的所有基本内容。

（3）用"保存"命令，弹出"图形另存为"对话框，在该对话框"文件类型"下拉列表中选择"AutoCAD 图形样板（*.dwt）"选项，选项后"保存于"下拉列表框中将自动显示

"Template"（样板）文件夹；在"文件名"文字编辑框中输入样图名称，如："A2 样图"。

（4）单击"图形另存为"对话框中的保存按钮，弹出"样板说明"对话框，在"样板说明"对话框的编辑框中输入一些说明性的文字，单击确定按钮，AutoCAD 将当前图形存储为 AutoCAD 中的样板文件。

（5）关闭该图形，完成样图的创建。

2. 用已有的图形文件创建样板图

用该方法创建图幅大小不同、但其他内容相同的系列样图非常方便。具体操作如下：

（1）输入"打开"命令，打开一张已有的图。

（2）从下拉菜单输入命令："文件"→"另存为"，弹出"图形另存为"对话框，在该对话框"文件类型"下拉列表中选择"AutoCAD 图形样板（*.dwt ）"选项，选项后"保存于"下拉列表框中将自动显示"Template"（样板）文件夹；在"文件名"文字编辑框中输入样图名称。

（3）单击"图形另存为"对话框中的保存按钮，弹出"样板说明"对话框，在"样板说明"对话框的编辑框中输入一些说明性的文字，单击确定按钮，退出"图形另存为"对话框。此时 AutoCAD 将打开的已有图又存储一份为样板的图形文件，并且将此样板图设为当前图（可从最上边标题行中看出当前图形文件名由刚打开的图名改为样板图的文件名）。

（4）按所需内容修改当前图。用"图形界限"命令重新定义图幅的大小；用"拉伸"等命令改变图框的大小等。

（5）单击"保存"命令，保存修改。

（6）关闭该图形，完成创建。

注意：如果需要复制其他图形文件中的图块、图层、标注样式等，通过 AutoCAD 设计中心将其拖拽到当前图中最方便。

三、样板图的使用

创建了样板图之后，再新建一张图时，就可方便地使用它了。具体操作如下：

（1）输入"新建"命令，弹出"使用样板"对话框，该对话框的列表框中将显示所创建样图的名称，如图 2-66 所示。

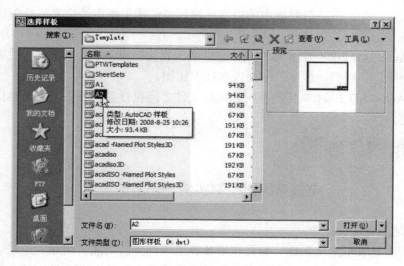

图 2-66   使用样图示例

（2）选择该列表框中所需的样图（如："A2"），选择后单击确定按钮，即可新建一张包括所设绘图环境的新图。

四、使用剪贴板

AutoCAD 2008 与 Windows 下的其他应用程序一样，具有利用剪贴板将图形文件内容"剪下"和"贴上"的功能，并可同时打开多个图形文件。利用剪贴板功能可以实现 AutoCAD 图形文件间及与其他应用程序（如 Word 软件）文件之间的数据交换。

在 AutoCAD 2008 中可操作"标准"工具栏上"剪切"（CUTCLIP）命令和"复制"（COPYCLIP）命令，将选中的图形部分以原有的形式放入剪贴板。

在 AutoCAD 中，操作"标准"工具栏上"粘贴"（PASTECLIP）命令，可将剪贴板上的内容粘贴到当前图中；在"编辑"下拉菜单中选择"粘贴为块"命令，可将剪贴板上的内容以块的形式粘贴到当前图中；在"编辑"下拉菜单中选择"指定粘贴"命令，可将剪贴板上的内容按指定的格式粘贴到当前图中。AutoCAD 将要粘贴图形的插入基点，设定在复制时选择窗口的左下角点或选择实体的左下角点。

在绘制一张专业图时，如果需要引用其他图形文件中的内容，可使用剪贴板。

具体操作如下：

（1）打开一张要进行粘贴的图形文件和一张要被复制或剪切的图形文件。

（2）从下拉菜单"窗口"项中选择"水平平铺"或"垂直平铺"，使两个图形文件同时显示。用鼠标单击要被复制或剪切的图形文件，设为当前图。

（3）单击"标准"工具栏上"复制"命令图标（或使用组合键【Ctrl＋C】），输入命令后，命令区出现提示行：

选择对象：　　　　——选择要复制的实体

选择对象：↓　　　——结束选择，所选实体复制到剪贴板

（4）再用鼠标单击要进行粘贴的图（或使用组合键【Ctrl＋Tab】），把要进行粘贴的图设置为当前图。

（5）单击"粘贴"命令图标（或使用组合键【Ctrl＋V】），输入命令后，命令区出现提示行：

指定插入点：　　　——剪贴板中的内容粘贴到当前图中指定的位置，结束命令

说明：

（1）在 AutoCAD 2008 中允许在图形文件之间直接拖曳复制实体，也可用格式刷在图形文件之间复制颜色、线型、线宽、剖面线和线型比例。

（2）在 AutoCAD 2008 中可在不同的图形文件之间执行多任务、无间断地操作，使绘图更加方便快捷。

综合实例

电气系统图绘制实例——基础应用

【任务描述】

电气工程图是表示电气系统、装置和设备各组成部分的功能、用途、原理、装接和使用信息的一种工程设计文件。在前面已完成的基础样板图中抄绘某变电站电气主接线图，如图

2-67 所示。

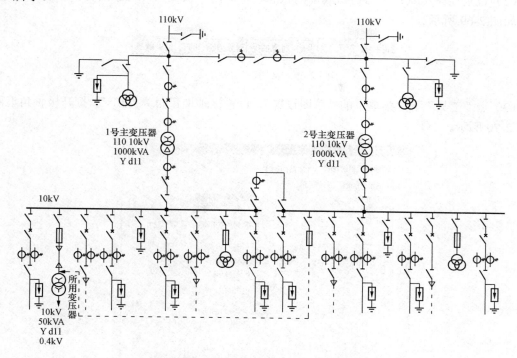

图 2-67　某变电站电气主接线图

【操作步骤】

步骤一： 调用样板图，设置绘图环境。

（1）用"打开"命令打开图形文件"某变电站电气主接线图"，如图 2-68 所示。

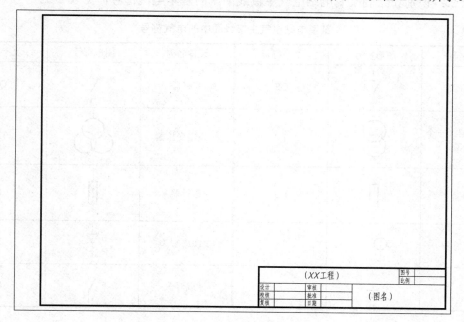

图 2-68　调用基础样板图

（2）设置绘图工具：单击窗口底部的状态栏，启用"极轴"、"对象捕捉"、"对象追踪"等，如图 2-69 所示。

捕捉	栅格	正交	极轴	对象捕捉	对象追踪	DUCS	DYN	线宽

图 2-69　常用的绘图工具

（3）点"工具"下拉菜单下的"草图设置"，设置极轴增量角为"30°"，打开极轴角追踪，如图 2-70 所示。

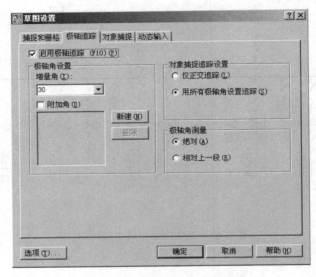

图 2-70　设置极轴角及极轴追踪

步骤二：识别和绘制某变电站电气主接线图中的基本电气符号，见表 2-3。

表 2-3　　　　　　　　　　　某变电站电气主接线图中的电气符号

设备名称	图形符号	文字符号	设备名称	图形符号	文字符号
隔离开关		QS	断路器		QF
电压互感器（一个二次线圈）	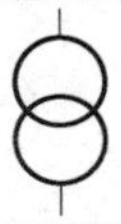	TV	三绕组变压器	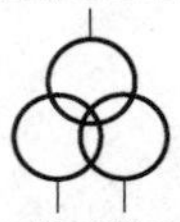	TM
熔断器		FU	避雷器		F
电流互感器		TA	电缆终端头		X
接地		E	一般开关		Q

注意：绘制电气符号的方法多样，读者可参考下面的步骤进行操作。

1. 绘制开关类电气符号

开关符号的绘制：

命令：LINE ╱ ↓ 指定第一点　　　　　——点绘图工具栏中的"直线"；在绘图区
　　　　　　　　　　　　　　　　　　　合适位置任意指定一点

指定下一点或〔放弃（U）〕：5↓　　——绘制 90° 方向长度为 5 的直线，如图
　　　　　　　　　　　　　　　　　　　2-71（a）所示

指定下一点或〔放弃（U）〕：10↓　——绘制 120° 方向长度为 10 的直线，如
　　　　　　　　　　　　　　　　　　　图 2-71（b）所示

指定下一点或〔闭合（C）/放弃（U）〕：——利用捕捉追踪绘制一短直线与 90°
　　　　　　　　　　　　　　　　　　　直线对齐，如图 2-71（c）所示

指定下一点或〔闭合（C）/放弃（U）〕：5↓——绘制 90° 方向长度为 5 的直线，如图
　　　　　　　　　　　　　　　　　　　2-71（d）所示

指定下一点或〔闭合（C）/放弃（U）〕：↓——如图 2-71（d）所示

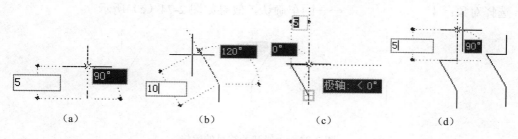

图 2-71　绘制开关符号（一）

利用夹点编辑移动短直线操作：用鼠标左键点击选中短直线，出现蓝色夹点，如图 2-72（a）、（b）所示，再点击激活直线中间的夹点，呈红色，如图 2-72（c）所示，将其移动至图 2-72（d）中的位置。

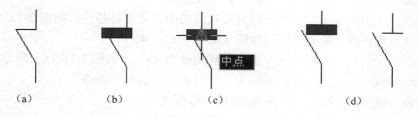

图 2-72　绘制开关符号（二）

命令：copy ✲ ↓　　　　　　　　　　——点修改工具栏中"复制"命令

选择对象：指定对角点：找到 4 个　　——用鼠标左键自右而左拉一个矩
　　　　　　　　　　　　　　　　　　　形窗口选中开关符号，呈虚线
　　　　　　　　　　　　　　　　　　　显示，如图 2-73（a）所示

指定基点或〔位移（D）/模式（O）〕 <位移>：——选择一个端点为移动的基准点，
　　　　　　　　　　　　　　　　　　　如图 2-73（b）所示

指定第二个点或〔退出（E）/放弃（U）〕<退出>：——在基点一侧任意指定一点即复

制一次，如图 2-73（c）所示

指定第二个点或［退出（E）/放弃（U）］<退出>：——再任意指定一点即复制两次，如
　　　　　　　　　　　　　　　　　　　　　图 2-73（d）所示

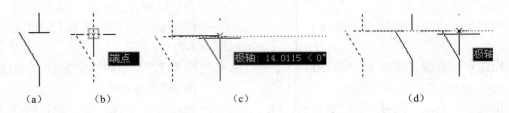

图 2-73　绘制开关符号（三）

命令：_.erase 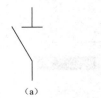↓　　——编辑其中一个开关符号，将其成为一般开关符号，如图
　　　　　　　　　　　　　　　　　2-74（a）所示

选择对象：找到 1 个　　　——点击选中短横线，如图 2-74（b）所示
选择对象：↓　　　　　　——回车确认，效果如图 2-74（c）所示

图 2-74　一般开关符号的编辑

命令：rotate ↓　　——激活旋转命令，编辑另一个开关符号，将其成为断路器
　　　　　　　　　　　　　　　符号

选择对象：找到 1 个　　　——点击选中短横线，如图 2-75（a）所示
选择对象：↓　　　　　　——回车，结束选择
指定基点：　　　　　　　——指定短横线的中点为旋转基点，如图 2-75（b）所示
指定旋转角度，或［复制（C）/参照（R）］<0>：45↓
　　　　　　　　　　　　——指定旋转角度为 45°，如图 2-75（c）所示
命令：rotate↓　　　　　——回车，重复执行"旋转"命令
选择对象：找到 1 个　　　——选中 45° 短横线
选择对象：↓　　　　　　——回车，结束选择
指定基点：　　　　　　　——指定短横线的中点为旋转基点，如图 2-75（d）所示

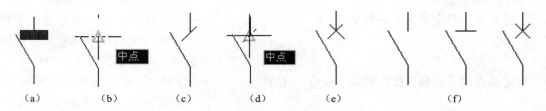

图 2-75　断路器符号的编辑过程

指定旋转角度，或［复制（C）/参照（R）］<45>：c ↓

　　　　　　　　——选择"旋转并复制"的操作选项

指定旋转角度，或［复制（C）/参照（R）］<45>：90↓

　　　　　　　　——指定旋转角度为90°，并回车确认，如图2-75（e）所示

开关类电气符号绘制的整体效果如图2-75（f）所示。

2. 绘制熔断器符号

命令：_rectang □ ↓　　　　——激活矩形命令，绘制矩形

指定第一个角点或［倒角（C）/标高（E）/圆角（F）/厚度（T）/宽度（W）］：

　　　　　　　　——指定矩形的左下角点

指定另一个角点或［面积（A）/尺寸（D）/旋转（R）］：@5，20

　　　　　　　　——通过相对坐标指定矩形的右上角点，如图2-76（a）所示

命令：_line 指定第一点：2

　　　　　　　　——绘制直线，捕捉追踪矩形短边中点90°方向，输入距离2，
　　　　　　　　　给定直线的起点；如图2-76（b）所示

指定下一点或［放弃（U）］：24↓

　　　　　　　　——追踪−90°（270°）方向输入直线距离24，如图2-76（c）
　　　　　　　　　所示；回车确认后，效果如图2-76（d）所示

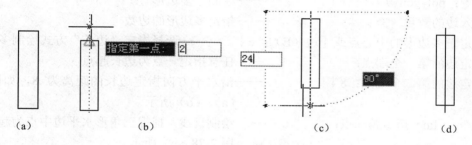

（a）　　　　　　　　（b）　　　　　　　　　（c）　　　　　　　　（d）

图 2-76　熔断器符号的绘制过程

3. 绘制避雷器符号

命令：_rectang □ ↓　　　　——绘制矩形

指定第一个角点或［倒角（C）/标高（E）/圆角（F）/厚度（T）/宽度（W）］：

　　　　　　　　——指定矩形的左下角点

指定另一个角点或［面积（A）/尺寸（D）/旋转（R）］：@5，20

　　　　　　　　——通过相对坐标指定矩形的右上角点，如图2-77（a）所示

命令：_pline ↵ ↓　　　　——绘制"多段线"

指定起点：2　　　　　　——绘制直线，捕捉追踪矩形短边中点90°方向，输入距离2，给
　　　　　　　　　定直线的起点；如图2-77（b）所示

当前线宽为 0.0000

指定下一个点或［圆弧（A）/半宽（H）/长度（L）/放弃（U）/宽度（W）］：8↓

　　　　　　　　——追踪−90°（270°）方向输入直线距离8，如图2-77（c）所示

指定下一点或［圆弧（A）/闭合（C）/半宽（H）/长度（L）/放弃（U）/宽度（W）］：w↓

　　　　　　　　　　　　——选择设置"多段线"的宽度选项

指定起点宽度 <0.0000>：2 ↓　——设置"多段线"的起点宽度为 2

指定端点宽度 <2.0000>：0 ↓　——设置"多段线"的端点宽度为 0

指定下一点或 ［圆弧（A）/闭合（C）/半宽（H）/长度（L）/放弃（U）/宽度（W）］：6↓

　　　　　　　　　　　　——指定箭头长度 6，如图 2-77（d）所示

指定下一点或 ［圆弧（A）/闭合（C）/半宽（H）/长度（L）/放弃（U）/宽度（W）］：↓

　　　　　　　　　　　　——回车完成，效果如图 2-77（e）所示

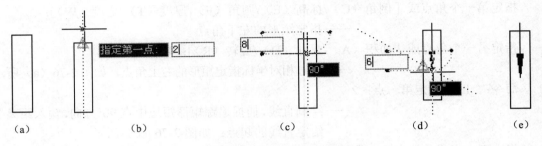

（a）　　　　　（b）　　　　　（c）　　　　　（d）　　　　　（e）

图 2-77　避雷器符号的绘制过程

4. 绘制电缆头符号

命令：polygon ⬠ ↓　　　　　　——绘制"多边形"

输入边的数目 <3>：↓　　　　——指定多边形的边数

指定正多边形的中心点或 ［边（E）］：e↓　——选择指定"边长"方式绘制多边形

指定边的第一个端点：　　　　——任意指定一点为边长起点

指定边的第二个端点：8↓　　　——沿水平方向指定边长的距离为 8，如图 2-78（a）、（b）所示

命令：_line 指定第一点：　　　——绘制直线，捕捉三角形水平边中点为起点；如图 2-78（c）所示

指定下一点或 ［放弃（U）］：30↓　——沿极轴 270°方向，绘制长度为 30 的直线；如图 2-78（d）所示

指定下一点或 ［放弃（U）］：↓　——回车完成，将直线线型改为虚线，效果如图 2-78（e）所示

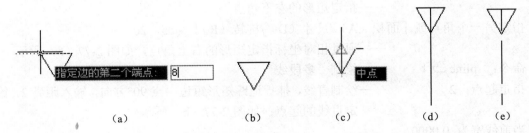

（a）　　　　　（b）　　　　　（c）　　　　　（d）　　　（e）

图 2-78　电缆头符号的绘制过程

5. 绘制电流互感器符号

命令：_circle ◎ ↓ 指定圆的圆心或 ［三点（3P）/两点（2P）/相切、相切、半径（T）］：

　　　　　　　　　　——绘制"圆"，并任意指定一点为圆心

指定圆的半径或［直径（D）］＜5.0000＞：3.5↓

　　　　　　　　　　——指定圆的半径为 3.5；如图 2-79（a）所示

命令：_line ✏ ↓指定第一点：

　　　　　　　　　　——绘制"直线"，并捕捉圆 0°象限点为起点，如图 2-79（b）
　　　　　　　　　　　所示

指定下一点或［放弃（U）］：6↓

　　　　　　　　　　——沿水平方向绘制长度为 6 的直线，如图 2-79（c）、（d）所示

命令：_line 指定第一点：tk↓　——启用"tk"追踪功能

第一个追踪点：　　　　——选择第一个追踪点 A

下一点　（按 ENTER 键结束追踪）：2↓

　　　　　　　　　　——将光标往垂直方向移动，输入距离 2，如图 2-79（e）所示

下一点　（按 ENTER 键结束追踪）：1↓

　　　　　　　　　　——将光标往水平方向移动，输入距离 1，如图 2-79（f）所示

下一点　（按 ENTER 键结束追踪）：↓

　　　　　　　　　　——回车结束追踪，并点击鼠标左键输入直线的起点

指定下一点或［放弃（U）］：5↓

　　　　　　　　　　——追踪 240°方向，输出直线长度 5，如图 2-79（g）所示

指定下一点或［放弃（U）］：↓

　　　　　　　　　　——回车完成，效果如图 2-79（h）所示

命令：copy ✥↓　　　——激活"复制"命令

选择对象：找到 1 个 ——选择 240°斜线，并回车确认

指定基点或［位移（D）/模式（O）］＜位移＞：——选择斜线端点为基点

指定第二个点或 ＜使用第一个点作为位移＞：2↓

　　　　　　　　　　——输入复制的位移值 2，如图 2-79（i）所示

指定第二个点或［退出（E）/放弃（U）］＜退出＞：↓

　　　　　　　　　　——回车完成，效果如图 2-79（j）所示

6. 绘制接地符号

命令：polygon⬡ 输入边的数目＜3＞：↓　——绘制"多边形"

指定正多边形的中心点或［边（E）］：e↓　——选择指定"边长"方式绘制多边形

指定边的第一个端点：指定边的第二个端点：12↓

　　　　　　　　　　　　　　　——任意指定一点为起点；沿水平方向指定
　　　　　　　　　　　　　　　　边长的距离为 12，如图 2-80（a）、（b）
　　　　　　　　　　　　　　　　所示

命令：_explode↓　　　　　　——激活"分解"命令

选择对象：找到 1 个　　　　　——选择等边三角形，如图 2-80（c）所示

选择对象：↓　　　　　　　　　——回车完成，分解后的三角形的夹点形式
　　　　　　　　　　　　　　　　如图 2-80（d）所示

命令：offset ⬒↓　　　　　　——激活"偏移"命令

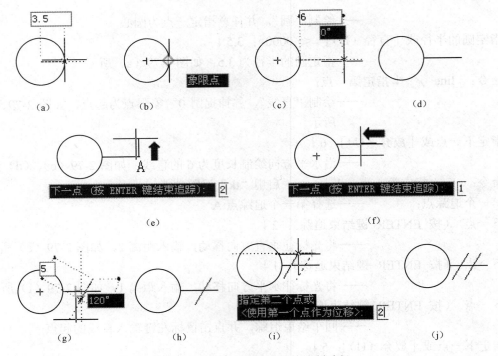

图 2-79　电流互感器符号的绘制过程

指定偏移距离或［通过（T）/删除（E）/图层（L）］ <3.0000>：↓

　　　　　　　　　　　　　　　　——指定偏移距离为 3

选择要偏移的对象，或［退出（E）/放弃（U）］ <退出>：

　　　　　　　　　　　　　　　　——选择水平直线

指定要偏移的那一侧上的点，或［退出（E）/多个（M）/放弃（U）］ <退出>：

　　　　　　　　　　　　　　　　——鼠标在水平线下方单击，指定偏移方

　　　　　　　　　　　　　　　　　　向，依次偏移后，效果如图 2-80（e）

　　　　　　　　　　　　　　　　　　所示

命令：_trim ⌁ ↓　　　　　　　　　——激活"修剪"命令

选择剪切边...

选择对象或 <全部选择>：↓　　　　　——回车，默认图中所有对象互为边界

选择要修剪的对象，或按住 Shift 键选择要延伸的对象，或［栏选（F）/窗交（C）/投

影（P）/边（E）/删除（R）/放弃（U）］：　——用鼠标点击边界之外的线段，完成修剪，

　　　　　　　　　　　　　　　　　　效果如图 2-80（f）所示

命令：_.erase ✎↓　找到 2 个　　　——删除边界，选择三角形两个边，效果如

　　　　　　　　　　　　　　　　　　图 2-80（g）所示

命令：_line ✐↓　指定第一点：　　　——激活"直线"命令，选择中点为起点，

　　　　　　　　　　　　　　　　　　如图 2-80（h）所示

指定下一点或［放弃（U）］：5↓　　　——光标移至垂直方向，输入距离 5，如图

　　　　　　　　　　　　　　　　　　2-80（i）所示

指定下一点或［放弃（U）］：↓　　　——回车完成，效果如图 2-80（j）所示

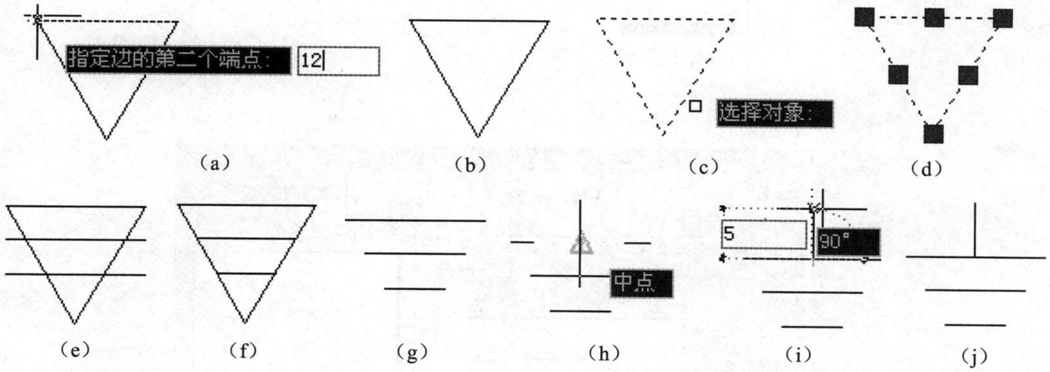

（a）	（b）	（c）	（d）
（e）	（f）	（g）	（h）	（i）	（j）

图 2-80　接地符号的绘制过程

7. 绘制电压互感器符号

命令：_circle ↓ 指定圆的圆心或［三点（3P）/两点（2P）/相切、相切、半径（T）］：

　　　　　　　　　　　　　　——绘制圆

指定圆的半径或［直径（D）］ <5.0000>：10↓

　　　　　　　　　　　　　——半径为 10，效果如图 2-81（a）所示

命令：_copy ↓　　　　　　　　——复制"圆"

选择对象：找到 1 个　　　　　——选择圆，并回车

当前设置：复制模式=多个

指定基点或［位移（D）/模式（O）］ <位移>：

　　　　　　　　　　　　　——指定圆 90°象限点为基点

指定第二个点或［退出（E）/放弃（U）］ <退出>：

　　　　　　　　　　　　　——光标移至垂直方向向下移动 15，如图 2-81（b）

　　　　　　　　　　　　　　所示

命令：_line↓　　指定第一点：　　——绘制"直线"，并捕捉圆心为起点

指定下一点或［放弃（U）］：5↓　——沿 270°方向绘制长度为 5 的直线，效果如图

　　　　　　　　　　　　　　2-81（c）所示

命令：_array ↓　　　　　　　——激活"阵列"命令，打开如图 2-81（f）所示的

　　　　　　　　　　　　　　对话框，阵列对象为短直线，阵列中心点为圆

　　　　　　　　　　　　　　心，其他设置如对话框设置，回车完成，效果

　　　　　　　　　　　　　　如图 2-81（d）所示

命令：_polygon 输入边的数目 <3>： ↓　——绘制"多边形"

指定正多边形的中心点或［边（E）］：　　——选择圆心为正多边形的内切圆中心点

输入选项［内接于圆（I）/外切于圆（C）］ <I>：I↓

　　　　　　　　　　　　　——常用内切圆 I 的方式绘制多边形

指定圆的半径：5↓　　　　　　——指定内切圆的半径为 5，效果如图 2-81（e）

　　　　　　　　　　　　　　所示

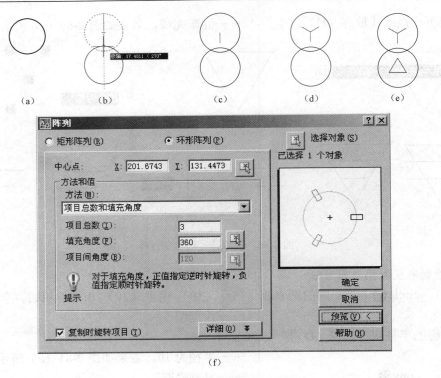

图 2-81　双绕组变压器符号的绘制过程

8. 绘制三绕组变压器符号

命令：_circle 指定圆的圆心或［三点（3P）/两点（2P）/相切、相切、半径（T）］：

　　　　　　——绘制圆

指定圆的半径或［直径（D）］<10.0000>：↓

　　　　　　——半径为 10，效果如图 2-82（a）所示

命令：_array ↓　　　——激活"阵列"命令，打开如图 2-82（c）所示的对话框，阵列对象为圆，阵列中心点为圆半径的 1/5 点，其他设置如对话框设置，回车完成，效果如图 2-82（b）所示

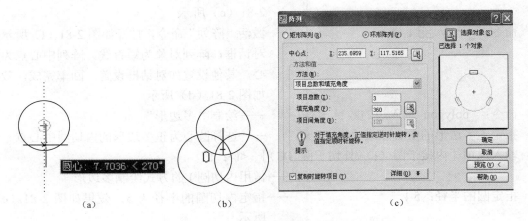

图 2-82　三绕组变压器符号的绘制过程

步骤三：将上述绘制的电气符号创建为图块。

单击"绘图"→"块"→"创建"命令，作如图 2-83 所示的设置。

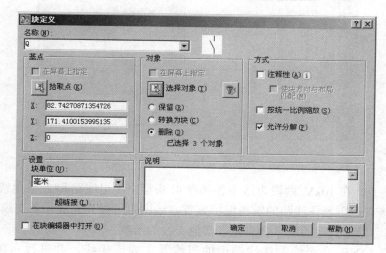

图 2-83　创建图块的对话框设置

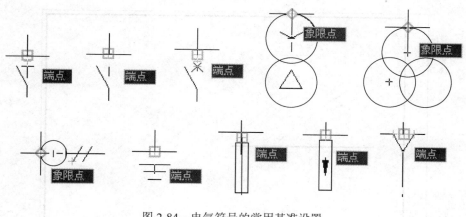

图 2-84　电气符号的常用基准设置

其中必须指定图块的名称(建议以电气符号的文字符号来命名图块)、图块的插入基点(各电气符号的插入基点建议采用图 2-84 中建议的基点) 以及选择定义块的对象等；

当需要插入图块时。可单击"插入"→"块"命令，打开"插入"对话框，如图 2-85 所示。

步骤四：绘制主要连接线和模块轮廓，进行图形整体布局。

根据本例的图形分析，可知是有两台主变压器的降压变电站电气主接线图。变电站 110kV 侧为外桥接线，10kV 侧采用单母线分段接线。两台主变压器的一次侧经断路器、电流互感器和隔离开关与电源相连，在 110kV 侧电源的入口处，装设有避雷器、电压互感器和接地开关供保护、计量和检修使用。二次侧的出线经电流互感器、断路器和隔离开关分别接至两段 10kV 母线。根据其接线图的布置特点，绘图时，可以先绘制完一台主变压器的接线，再用"复制"或"镜像"命令得到另一台主变压器的接线。

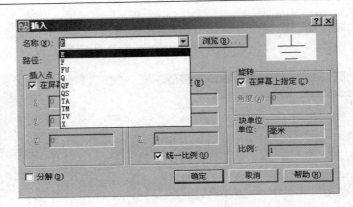

图 2-85 "插入"对话框

配电出线方向，在 10kV 两段母线上各接有 4 条架空配电线路和 2 条电缆线路。每条架空配电线路都接有避雷器作线路的雷击保护装置，绘图时可以先完成一条支线的接线，再用"阵列"、"复制"以及其他的编辑命令完成其他支线的绘制。

用"直线"LINE 命令绘制接线图中的母线及主要连接线，并进行布图，如图 2-86 所示。

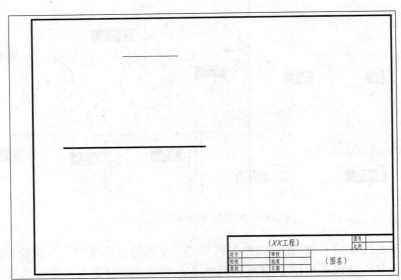

图 2-86 构图、绘制主要连接线

步骤五：插入图块，逐步完善图形。

命令：_insert↓   ——激活"块插入"命令；绘制母线进线端接线

指定插入点或［基点（B）/比例（S）/旋转（R）］：

     ——在连接线的适当位置，指定插入点，调整好比例（本例中图块的比例设置为 0.6），对话框设置如图 2-87（a）所示

指定旋转角度 <0>：↓ ——调整角度，依次插入各电气符号图块，效果如图 2-87（b）所示

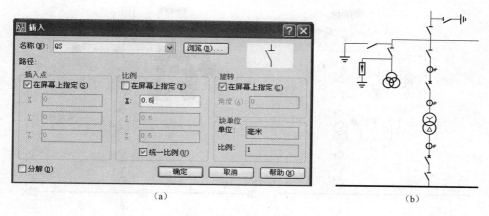

图 2-87 插入图块

命令：dtext↓

——点"绘图"菜单下"文字"→"单行文字"或在命令行键入"DT"

当前文字样式："Standard"，文字高度：7.0000，注释性：否

指定文字的起点或［对正（J）/样式（S）］：   ——用鼠标点击单行文字的标注起点

指定高度 <7.0000>：5↓   ——指定文字的字高为 5（即 5 号字）

指定文字的旋转角度 <0>：↓

——指定文字的旋转角度，0°为水平文字，回车后，即可以标注文字，回车为换行，鼠标移动至其他位置指定起点后又可以继续标注，标注后效果如图 2-88（a）所示

命令：mirror ◁△↓ 找到 24 个

——激活"镜像命令"，并选择图形基本对称部分的接线，如图 2-88（b）所示

指定镜像线的第一点：指定镜像线的第二点：

——用鼠标指定对称图形的对称线，第一点选 1，第二点沿竖直方向给定一点，如 2，如图 2-88（b）所示

要删除源对象吗？［是（Y）/否（N）］<N>：↓

——默认不删除原有对象，回车后效果如图 2-88（c）所示

命令：_copy↓ 找到 57 个

——激活"复制命令"，并选择需要复制的部分，如图 2-89（a）所示

当前设置：复制模式=多个

指定基点或［位移（D）/模式（O）］<位移>：指定第二个点或<使用第一个点作为位移>：

指定第二个点或［退出（E）/放弃（U）］<退出>：

——用鼠标指定合适的复制基点和位移点，完成后效果如图 2-89（b）所示

命令：_insert⊡↓   ——激活"块插入"命令；绘制母线配线端接线

指定插入点或［基点（B）/比例（S）/旋转（R）］：

——在连接线的适当位置，指定插入点，调整好比例（本例中图块的比例设置为 0.6）

指定旋转角度 <0>：↓

——调整好角度，依次插入配电出线各电气符号图块，效果如图 2-90（a）所示

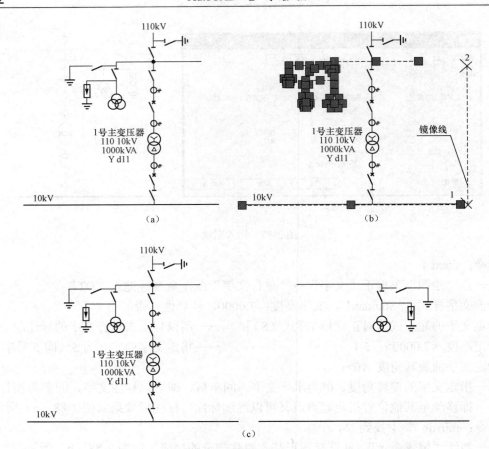

图 2-88　绘制进线端接线图（一）

（a）注写单行文字；（b）"镜像"前图形；（c）"镜像"后图形

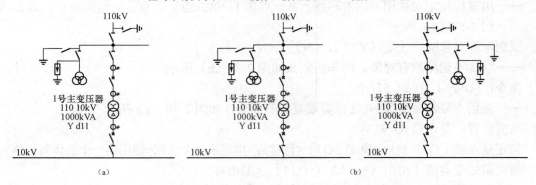

图 2-89　绘制进线端接线图（二）

（a）"复制"前图形；（b）"复制"后图形

命令：_copy 找到 6 个　　——激活"复制命令"，并选择需要复制的部分，如图 2-90（b）所示

当前设置：复制模式=多个

指定基点或 [位移（D）/模式（O）] <位移>：——用鼠标指定母线连接端为复制基点

指定第二个点或 [退出（E）/放弃（U）] <退出>：——用鼠标指定第一个位移点

指定第二个点或 ［退出（E）/放弃（U）］＜退出＞：——用鼠标指定第二个位移点
指定第二个点或 ［退出（E）/放弃（U）］＜退出＞：——用鼠标指定第三个位移点
指定第二个点或 ［退出（E）/放弃（U）］＜退出＞：——用鼠标指定第四个位移点
指定第二个点或 ［退出（E）/放弃（U）］＜退出＞：

　　　　　　　　——指定第五个位移点，完成后效果如图 2-90（c）所示

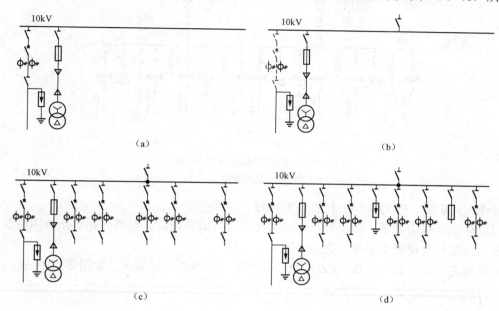

图 2-90　绘制配线接线图各支线

（a）插入图块；（b）复制相同的配线接线（一）；（c）复制相同的配线接线（二）；

（d）复制相同的配线接线（三）

　　执行复制命令，完成后效果如图 2-90（d）所示；再次插入"电缆终端头"、"三绕组变
压器"的图块，完成后效果如图 2-91（a）所示；再次执行复制命令，完成 2 号主变压器的
配电接线图绘制，效果如图 2-91（b）所示。

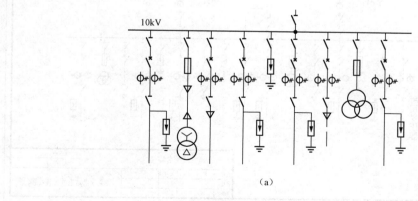

（a）

图 2-91　绘制配线接线图（一）

（a）插入图块

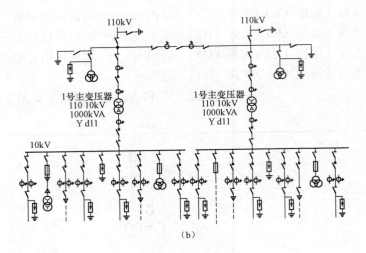

图 2-91　绘制配线接线图（二）

（b）复制相同的配线接线（四）

步骤六：编辑、注写文字，检查修整接线，完成全图。

用鼠标左键双击文字，即可对已标注的文字进行编辑修改；检查并完善接线图细节。注写图名、标题栏及说明文字等，完成全图。

将图形文件用"显示缩放"（ZOOM）命令使 A3 图幅全屏显示，如图 2-92 所示。

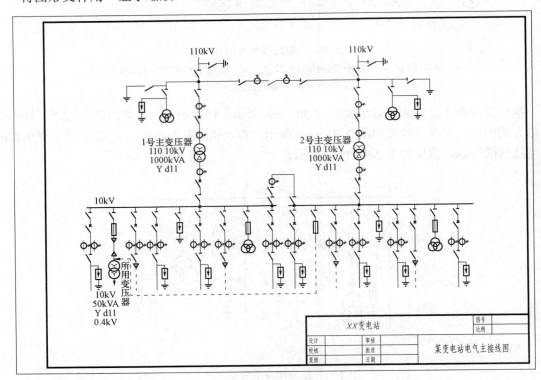

图 2-92　完成后某变电站电气主接线图

小　　结

1．电气工程图的基本绘图思路

电气工程图是一种用图形符号、字符、代号、图线等来说明和使用信息的简图，其种类不同，描述相关的工程图信息、逻辑、功能的方法也不同。电气工程图对布图有很高的要求，强调布局清晰，以利于识别过程和信息的流向。一般图形信息基本流向为自左向右（水平布局）或自上而下（垂直布局），绘图时将图形符号按工作顺序排列，详细表示电路、设备或成套装置的全部基本组成部分的连接关系，同时各功能级可以用适当的方式加以区别，突出信息流及其各级之间的关系，元器件的画法应符合国家规范的规定。另外，还应根据表达对象的需要，补充一些必要的技术资料和参数。

因此，绘制电气工程图时一般应先分析所绘制图的类别和画法特点，确定所需的图纸大小，布置图面，制作或引用本图中所需的图块，再通过绘制、编辑完成图形，进行尺寸标注、文字注写和相关技术说明。

2．在绘制电气工程图中的 AutoCAD 技巧应用

（1）根据 GB/T 4728—2005《电气简图用图形符号》的规定，电气图形符号没有具体的尺寸，只有相对的比例关系，因此创建和积累电气符号图块库，以满足不同幅面图纸的作图要求尤为主要。

（2）绘制电气工程图符号多、连接线复杂、比较麻烦。应根据布局特点建立明确绘图思路，选择合适的命令。在绘制的过程中，复制、镜像、阵列、移动、拉伸、延伸、修剪等修改操作使用频率较高，应注意灵活运用，加快绘图速度。例如：在同一图形文件中，仅需在不同位置复制多次，可以使用复制（copy）命令；复制后的图形按矩形或环形规律排列，可以使用阵列（array）命令；按对称图形排列，可使用镜像（mirror）命令。

（3）插入图框时，用"比例缩放"SCALE 命令进行图形的整体布局，出图比例可以根据出图幅面设定为自动比例——"布满全图"。

习 题 与 操 作 练 习

一、理论题

（一）单选题

1．如果需要将绘图窗口的高度调整为 500 个单位，可以使用（　　）功能。

 A. 比例缩放   B. 范围缩放

 C. 中心缩放   D. 动态缩放

2．如果需要书写 m^n，那么需要在【文字格式】编辑器中输入（　　），然后再进行格式堆叠。

  A. m#n   B. m^n   C. mn#   D. mn^

3．使用图 2-93 所示的选择框可以选择（　　）个对象。

  A. 2   B. 3   C. 4   D. 5

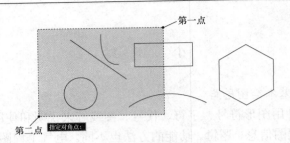

图 2-93　单选题 3 图

4．下列对偏移命令叙述错误的是（　　）。

　　A．可以按照指定的通过点偏移对象　　　B．可以按照指定的距离偏移对象

　　C．可以将偏移源对象删除　　　　　　　D．可以按照指定的对称轴偏移对象

5．在下列选项中，不能进行圆角对象有（　　）。

　　A．直线　　　　　　B．多线　　　　　　C．圆弧　　　　　　D．椭圆弧

6．在对图形进行旋转时，正确的说法是（　　）。

　　A．角度为正时，将逆时针旋转　　　　　B．角度为负时，将逆时针旋转

　　C．角度为正时，将顺时针旋转　　　　　D．旋转方向不受角度正负值影响

7．如果将图 2-94（a）中的圆弧编辑为图 2-94（b）中的状态，则需要使用加长命令中的（　　）选项功能。

图 2-94　单选题 7 图

　　A．增量　　　　　　B．百分数　　　　　C．全部　　　　　　D．动态

8．如图 2-95 所示的倒角矩形，其长和宽分别是（　　）。

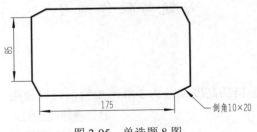

图 2-95　单选题 8 图

　　A．175 和 85　　　　B．185 和 95　　　　C．195 和 105　　　D．205 和 115

9．对图 2-96 中的圆图形进行位移时，如果给定基点（45<30），给定第二点（按 Enter 键），那么圆的位移量是（　　）。

　　A．@45<30　　　　B．45<30　　　　　C．45，0　　　　　D．0，0

10．在对如图 2-97 所示的矩形进行拉伸时，如果给定基点后，再给出目标点（@16，12），

则拉伸后的水平尺寸和垂直尺寸分别为（　　　）。

　　A．44，18　　　　　　B．60，30　　　　　　C．44，30　　　　　　D．60，18

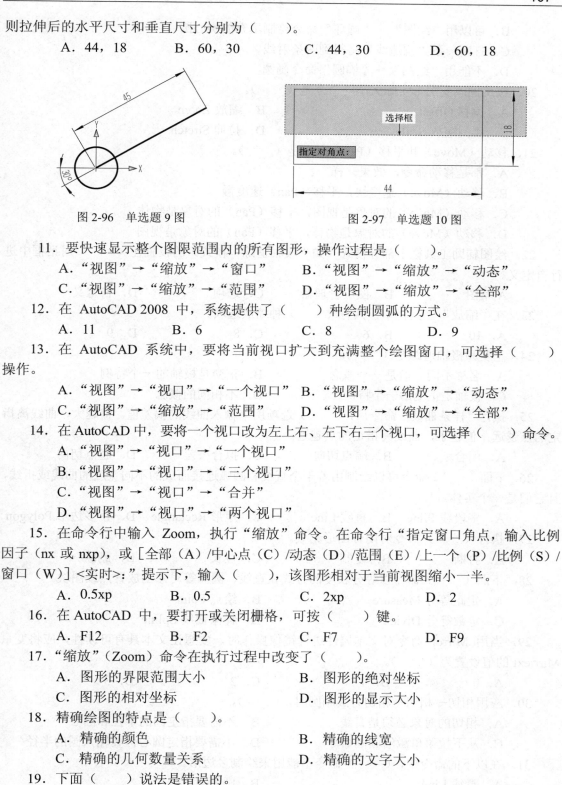

　　图 2-96　单选题 9 图　　　　　　　　　　　　　图 2-97　单选题 10 图

11. 要快速显示整个图限范围内的所有图形，操作过程是（　　　）。

　　A．"视图"→"缩放"→"窗口"　　　　B．"视图"→"缩放"→"动态"

　　C．"视图"→"缩放"→"范围"　　　　D．"视图"→"缩放"→"全部"

12. 在 AutoCAD 2008 中，系统提供了（　　　）种绘制圆弧的方式。

　　A．11　　　　　　B．6　　　　　　　C．8　　　　　　　D．9

13. 在 AutoCAD 系统中，要将当前视口扩大到充满整个绘图窗口，可选择（　　　）操作。

　　A．"视图"→"视口"→"一个视口"　　B．"视图"→"缩放"→"动态"

　　C．"视图"→"缩放"→"范围"　　　　D．"视图"→"缩放"→"全部"

14. 在 AutoCAD 中，要将一个视口改为左上右、左下右三个视口，可选择（　　　）命令。

　　A．"视图"→"视口"→"一个视口"

　　B．"视图"→"视口"→"三个视口"

　　C．"视图"→"视口"→"合并"

　　D．"视图"→"视口"→"两个视口"

15. 在命令行中输入 Zoom，执行"缩放"命令。在命令行"指定窗口角点，输入比例因子（nx 或 nxp），或 [全部（A）/中心点（C）/动态（D）/范围（E）/上一个（P）/比例（S）/窗口（W）] <实时>:"提示下，输入（　　　），该图形相对于当前视图缩小一半。

　　A．0.5xp　　　　　B．0.5　　　　　　C．2xp　　　　　　D．2

16. 在 AutoCAD 中，要打开或关闭栅格，可按（　　　）键。

　　A．F12　　　　　　B．F2　　　　　　C．F7　　　　　　D．F9

17. "缩放"（Zoom）命令在执行过程中改变了（　　　）。

　　A．图形的界限范围大小　　　　　　B．图形的绝对坐标

　　C．图形的相对坐标　　　　　　　　D．图形的显示大小

18. 精确绘图的特点是（　　　）。

　　A．精确的颜色　　　　　　　　　　B．精确的线宽

　　C．精确的几何数量关系　　　　　　D．精确的文字大小

19. 下面（　　　）说法是错误的。

　　A．使用"绘图"→"正多边形"命令将得到一条多段线

B．可以用"绘图"→"圆环"命令绘制填充的实心圆

C．打断一条"构造线"将得到两条射线

D．不能用"绘图"→"椭圆"命令画圆

20．按比例改变图形实际大小的命令是（   ）。

     A．偏移 Offset   B．缩放 Zoom

     C．比例缩放 Scale   D．拉伸 Stretch

21．移动（Move）和平移（Pan）命令是（   ）。

     A．都是移动命令，效果一样

     B．移动（Move）速度快，平移（Pan）速度慢

     C．移动（Move）的对象是视图，平移（Pan）的对象是物体

     D．移动（Move）的对象是物体，平移（Pan）的对象是视图

22．绘图辅助工具栏中部分模式（如"极轴追踪"模式）的设置在（   ）对话框中进行自定义。

     A．草图   B．图层管理器   C．选项   D．自定义

23．在"缩放"工具栏中，共有（   ）种缩放选项。

     A．10   B．6   C．8   D．9

24．正交和极轴追踪是（   ）。

     A．名称不同，但是一个概念   B．正交是极轴的一个特例

     C．极轴是正交的一个特例   D．不相同的概念

25．执行"样条曲线"命令后，（   ）选项用来输入曲线的偏差值。值越大，曲线离指定的点越远；值越小，曲线离指定的点越近。

     A．闭合   B．端点切向   C．拟合公差   D．起点切向

26．下面（   ）命令可以绘制由若干个直线和圆弧连接而成的不同宽度的曲线或折线，且它们是一个实体。

     A．多段线 Pline   B．直线 Line   C．矩形 Rectangle   D．正多边形 Polygon

27．执行（   ）命令对闭合图形无效。

     A．打断   B．复制   C．拉长   D．删除

28．下面（   ）命令以等分长度的方式在直线、圆弧等对象上放置点或图块。

     A．定距等分 Measure   B．绘点 Point

     C．定数等分 Divide   D．样条曲线 Spline

29．当用 Mirror 命令对文本属性进行镜像操作时，要想让文本具有可读性，应将变量 Mirrtext 的值设置为（   ）。

     A．0   B．1   C．2   D．3

30．应用相切—相切—相切方式画圆时，（   ）。

     A．相切的对象必须是直线   B．不需要指定圆的半径和圆心

     C．从下拉菜单激活画圆命令   D．不需要指定圆心但要输入圆的半径

31．在以下的命令中，（   ）命令不能用来绘制多边形。

     A．直线 Line   B．圆弧 Arc

     C．正多边形 Polygon   D．多段线 Pline

32．如果按照简单的规律大量复制对象，可以选用下面（　　）命令。

　　A．阵列 Array　　　B．复制 Copy　　　C．镜缘 Move　　　D．旋转 Rotate

33．下面（　　）命令用于绘制多条相互平行的线，每一条的颜色和线型可以相同，也可以不同，此命令常用来绘制建筑工程上的墙线。

　　A．多段线　　　B．多线　　　C．样条曲线　　　D．直线

34．（　　）命令是一个辅助绘图命令，它是一个没有端点而无限延伸的线，它经常用于建筑设计和机械设计的绘图辅助工作中。

　　A．多线　　　B．构造线　　　C．射线　　　D．样条曲线

35．要在 AutoCAD 系统中的绘图窗口中创建字符串"AutoCAD 2008"，下面正确的输入是（　　）。

　　A．%%OAutoCAD%%O2008　　　B．%%OAutoCAD2008%%O

　　C．%%UAutoCAD%%U2008　　　D．%%UAutoCAD2008%%U

36．在进行文本标注时，若要输入度数"°"符号，则输入代码为（　　）。

　　A．d%%　　　B．%d　　　C．d%　　　D．%%d

37．在定义块属性时，要使属性为定值，可选择（　　）模式。

　　A．不可见　　　B．固定　　　C．验证　　　D．预置

38．在块使用中，（　　）命令与阵列 Array 命令相似。

　　A．块的多重引用 Minsert　　　B．创建块 Block

　　C．插入块 Insert　　　D．写块 Wblock

39．用下面（　　）命令创建的图块，有插入 INSERT 命令只能在当前图形文件中使用，而不能用于其他图形中。

　　A．创建块 Block　　　B．写块 Wblock

　　C．分解 Explode　　　D．复制 copy

40．在创建块时，在块定义对话框中必须确定的要素为（　　）。

　　A．块名、基点、对象　　　B．块名、基点、属性

　　C．基点、对象、属性　　　D．块名、基点、对象、属性

（二）多选题

41．在执行"交点"捕捉模式时，可捕捉到（　　）。

　　A．捕捉（三维实体）的边或角点

　　B．可以捕捉面域的边

　　C．可以捕捉曲线的边

　　D．圆弧、圆、椭圆、椭圆弧、直线、多线、多段线、射线、样条曲线或构造线等对象之间的交点

42．（　　）命令可以用来复制生成一个或多个相同或相似的图形。

　　A．复制 Copy　　　B．镜像 Mirror　　　C．偏移 Offset　　　D．阵列 Array

43．阵列命令有（　　）复制形式。

　　A．矩形阵列　　　B．环形阵列　　　C．三角阵列　　　D．样条阵列

44．（　　）命令可以绘制矩形。

　　A．直线 Line　　　B．多段线 Pline　　　C．矩形 Rectang　　　D．多边形 Polygon

45. 使用圆心（CEN）捕捉类型可以捕捉到（　　　）图形的圆心位置。

　　A. 圆　　　　　　　　B. 圆弧　　　　　　　C. 椭圆　　　　　　　D. 椭圆弧

46. 图形的复制命令主要包括（　　　）。

　　A. 直接复制　　　B. 镜像复制　　　　　C. 阵列复制　　　　　D. 偏移复制

47. 创建文字样式可以利用（　　　）方法。

　　A. 在命令输入窗中输入 Style 后按下 Enter 键，在打开的对话框中创建

　　B. 选择格式→文字样式命令后，在打开的对话框中创建

　　C. 直接在文字输入时创建　　　　　D. 可以随时创建

48. 在块使用时有（　　　）等优点。

　　A. 建立图形库　　　B. 方便修改　　　　C. 节约存储空间　　　D. 节约绘图时间

49. 块的属性的定义可以（　　　）。

　　A. 块必须定义属性　　　　　　　　B. 一个块中最多只能定义一个属性

　　C. 多个块可以共用一个属性　　　　D. 一个块中可以定义多个属性

50. 夹点编辑模式包括（　　　）。

　　A. 拉伸 Stretch　　　B. 移动 Move　　　　C. 旋转 Rotate　　　D. 镜像 Mirror

二、操作题

1. 绘制表 2-4 中常见的电气符号并创建为图块。

表 2-4　　　　　　　　　　　　　　常见电气符号

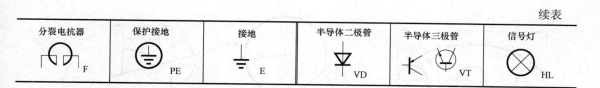

分裂电抗器	保护接地	接地	半导体二极管	半导体三极管	信号灯
F	PE	E	VD	VT	HL

2．抄绘图 2-98 所示的平面图形。

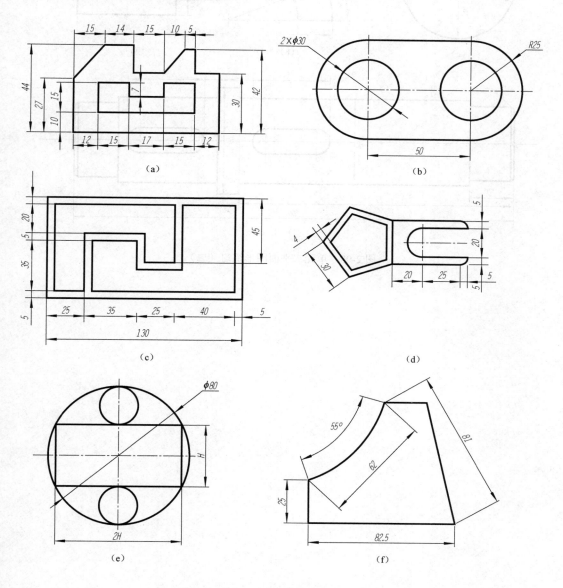

图 2-98　单元二平面图形练习（一）

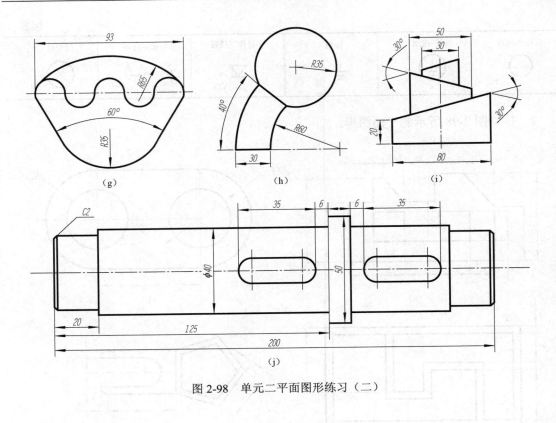

（g）　　　　　　　（h）　　　　　　　（i）

（j）

图 2-98　单元二平面图形练习（二）

AutoCAD 的二维高级应用

【学习目标】

☞ 熟悉面域与图形填充的操作步骤和技巧，完成面域创建和图案填充。

☞ 掌握尺寸样式创建方法，能熟练进行图形尺寸标注与编辑的操作。

☞ 学会图形输出的参数设置、打印机设置、打印样式设置等，能够输出与打印图纸。

☞ 学会使用块、属性块、外部参照和 AutoCAD 设计中心；掌握对象特性管理器、特性匹配、夹点编辑、剪贴板功能和操作。

☞ 能熟练运用绘图及编辑命令绘制电气平面图。

【考核要求】

AutoCAD 的二维高级应用的考核要求见表 3-1。

表 3-1 单元 3 考核要求

序 号	项目名称	质量要求	满分	扣分标准
TYBZ00706005	面域与图形填充	熟悉面域与图形填充的操作步骤和技巧，能按要求完成面域创建和图案填充操作	4	未按要求完成图案填充命令操作扣 4 分；填充的图案错误扣 2 分，比例不适当扣 1 分
TYBZ00706010	标注图形尺寸	掌握尺寸样式创建方法，能按要求进行图形尺寸的标注与编辑	15	能按要求进行尺寸样式创建和完成尺寸标注，所注尺寸完整、规范，未按要求创建标注样式扣 2 分；标注错误或漏标注每处扣 1 分；标注不清楚、不规范每处扣 0.5 分，注意扣分总量要控制在标注完成的百分比范围内
TYBZ00706012	使用 AutoCAD 设计中心	了解利用 AutoCAD 设计中心组织管理图形信息，实现文件间资源共享，能按要求完成在 AutoCAD 设计中心插入图块、图层、文字样式、标注样式等图形文件信息的操作	4	未按要求完成在 AutoCAD 设计中心插入图块、图层、文字样式、标注样式等图形文件信息的操作的扣 4 分
TYBZ00706015	输出与打印图纸	了解图形输出的参数设置、打印机设置、打印样式设置等，能按要求完成输出与打印图纸的操作	6	未按要求完成输出与打印图纸的操作，扣 4 分；打印设置不正确，每处扣 0.5 分，扣完为止

模块 1 图案填充与编辑（TYBZ00706005）

工程图样中采用剖视图和断面图来表示工程形体的内部形状，在 AutoCAD 2008 中，用"图案填充"（BHATCH）命令可方便地绘制常见的剖面符号。在 AutoCAD 2008 中，不仅可以方便地绘制剖面符号，还可以方便地修改它。

一、"图案填充和渐变色"对话框

用"图案填充"（BHATCH）命令可方便地确定绘制剖面符号的边界，可从 AutoCAD 提供的剖面符号中选择所需的剖面符号。用 BHATCH 命令绘制剖面符号时，作为边界的实体在当前屏幕上必须全部可见，否则会产生错误。

1. "图案填充"命令

"图案填充"命令可用下列方法之一输入：

方法一：从工具栏单击："图案填充"图标按钮 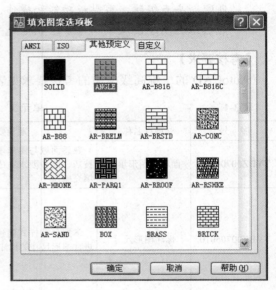。

方法二：从下拉菜单选取："绘图"→"图案填充"。

方法三：从键盘键入：BHATCH。

输入命令后，AutoCAD 2008 弹出显示"图案填充"选项卡的"图案填充和渐变色"对话框，如图 3-1 所示。该对话框分为"类型和图案"区、"边界"区、"选项"区、"继承特性"按钮和"预览"按钮五部分。

图 3-1 "图案填充和渐变色"对话框

图 3-2 "填充图案选项板"对话框

2. 选择图案类型

类型和图案区用于选择和定义剖面符号的类型和间距。该区有"图案填充"和"渐变色"两个选项卡，其中"图案填充"选项卡中提供有"预定义"、"自定义"和"用户定义"三种类型的图案供选择和定义，"渐变色"选项卡用于填充渐变颜色（渐变颜色主要用于示意图，以增加图形的可视性，本书不作详细介绍）。

（1）"预定义"类型剖面符号的选择和定义。

在类型和图案区的"类型"下拉列表中选择"预定义"选项。该选项允许从 ACAD.PAT 文件内的图案中选择一种剖面符号。选择"预定义"选项后，单击该区内"图案"下拉列表窗口后面的按钮，将弹出"填充图案选项板"对话框，如图 3-2 所示。

该对话框中有四个选项卡，除"自定义"选项卡外（自定义图案需要用户自己创建，创建方法可查阅有关书籍），每个选项卡中都有 AutoCAD 预定义的图案，可从中选择一种所需的剖面符号。如对图案名称很熟悉，也可从"图案"下拉列表中选择"预定义"的剖面符号。

　　选择"预定义"类型中的剖面符号，可在该区下边的"角度"和"比例"文字编辑框中改变剖面符号的缩放比例和角度值。缩放比例默认值为"1"，角度默认值为"0"（此时"0"角度是指所选剖面符号中线段的位置），改变这些设置可使剖面符号的间距和角度发生变化。

　　（2）"用户定义"类型剖面符号的选择和定义。

　　在类型和图案区的"类型"下拉列表中选择"用户定义"选项。该选项允许用户用当前线型定义一个简单的剖面符号，即可指定间距和角度来定义一组平行线或两组平行线（90°交叉）的剖面符号。

　　选择了"用户定义"类型来定义剖面符号，该区下部的"双向"开关和"间距"文字编辑框变成可用，可输入剖面符号的间距值和角度值（"0"角度对应当前坐标系 UCS 的 X 轴，默认状态是东方向）。

　　（3）"自定义"类型剖面符号的选择和定义。

　　在类型和图案区的"类型"下拉列表中选择"自定义"选项。该选项允许从其他的".PAT"文件中指定一种剖面符号。

　　选择"自定义"类型中的剖面符号，应在该区"自定义图案"文字编辑框中键入剖面符号的名称来选择。另外，可在"角度"和"比例"文字编辑框中改变自定义图案的缩放比例和角度值。

　　说明：该命令中默认的图案填充原点（当前原点）在图案的左下角点，若选择类型和图案区中"指定的原点"单选按钮，可重新指定图案填充的原点。

　　3．选择填充边界

　　在 AutoCAD 2008 中，可以从以下多种方式中进行选择以指定图案填充的边界：

　　方法一：指定对象封闭的区域中的点：单击"添加：拾取点"，在所要绘制剖面符号的封闭区域内各点取一点来选择边界，选中的边界以虚像显示。

　　方法二：选择封闭区域的对象：单击"添加：选择对象"，可按"选择对象"的各种方式指定边界。但该方式默认状态要求作为边界的多个实体必须封闭。

　　方法三：将填充图案从工具选项板或设计中心拖动到封闭区域。

　　说明：

　　（1）单击"删除边界"，可用拾取框选择该命令中已定义的边界，选择一个取消一个。当没有选择边界或没有定义边界时，此项不能用。

　　（2）"重新创建边界"在执行修改图案填充命令时才可用。

　　（3）单击"查看选择集"，将显示当前已选边界。当没有选择边界或没有定义边界时，此项不能用。

　　4．其他选项设置

　　"选项"区包含"注释性"开关、"关联"开关、"创建独立的图案填充"开关和"绘图次序"下拉列表四部分。

　　（1）"注释性"开关。打开"注释性"开关，所填充的剖面符号将成为注释性对象。"注释性"主要用于布局中。

　　（2）"关联"开关。所谓"关联"是指填充的剖面符号与其边界关联，它控制当前边界改变时，剖面符号是否跟随变化，效果如图 3-3 所示。

关闭"关联"开关　　　　　　　打开"关联"开关

图 3-3　"关联"的概念

（3）"创建独立的图案填充"开关。关闭"创建独立的图案填充"开关，同一个命令中指定的各边界所绘制的剖面符号是一个实体。打开"创建独立的图案填充"开关，将使同一个命令指定的各边界中所绘制的剖面符号相互独立，即各是一个独立的实体。一般应打开它。

（4）"绘图次序"下拉列表。所谓"绘图次序"是指绘制的剖面符号与其边界的绘图次序，它控制两者重叠处的显示顺序。默认状态是绘制的剖面符号"置于边界之后"。一般应用默认状态。

（5）"继承特性"：允许将已填充在实体中的剖面符号选择为当前剖面符号。

（6）"预览"按钮。定义了剖面符号类型、参数和边界后，单击预览按钮，AutoCAD 显示绘制剖面符号的结果，当预览完毕后，按【Esc】键返回"图案填充和渐变色"对话框（注意：若单击右键将结束命令），若不满意，可进行修改，直至满意。单击"图案填充和渐变色"对话框中确定按钮，AutoCAD 将按选定的设置绘制出剖面符号。

二、修改剖面符号

在 AutoCAD 2008 中，修改已绘制剖面符号的最快捷方式是：用鼠标双击要修改的剖面符号，AutoCAD 将弹出"图案填充编辑"对话框，如图 3-4 所示。

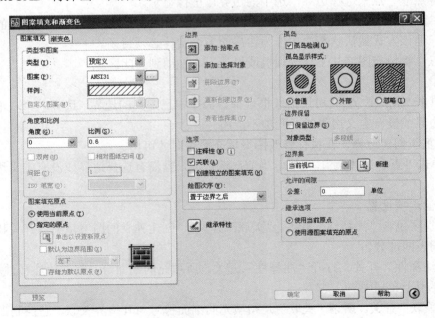

图 3-4　"图案填充编辑"对话框

　　该对话框中的内容与"图案填充和渐变色"对话框一样。在该对话框中可根据需要进行修改：可重新选择剖面符号的图案；可修改缩放比例和角度；可单击"继承特性"按钮选定一个已填充剖面符号作为当前的剖面符号；可重新选项等。在"图案填充编辑"对话框中进行了必要的修改后，单击确定按钮完成修改。

　　说明：用"特性"命令，也可修改剖面线。

　　在 AutoCAD 2008 中，可用 "修剪"命令修剪图案填充的剖面线。

模块 2　工程图的尺寸标注（TYBZ00706010）

　　尺寸用来确定工程形体的大小，是工程图中一项重要的内容。工程图中的尺寸标注必须符合相应的制图标准。目前各国制图标准有许多不同之处，我国各行业制图标准中对尺寸标注的要求也不完全相同。因此应根据需要自行创建标注样式。

一、尺寸标注的基本知识

1. 尺寸标注的组成

　　一个完整的尺寸由尺寸线、尺寸界线、箭头和尺寸文字组成，如图 3-5 所示。通常 AutoCAD 将构成尺寸的四个部分以块的形式存放在图形文件中，因此尺寸是一个实体。

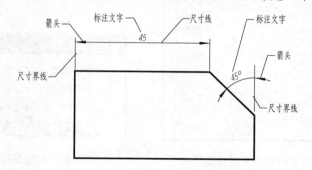

图 3-5　尺寸组成

2. 尺寸标注的类型

　　AutoCAD 提供了线性（长度）、半径和角度等基本的尺寸标注类型。标注可以是水平、垂直、对齐、旋转、坐标、基线或连续等，如图 3-6 所示。

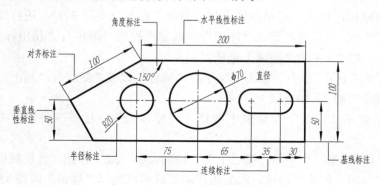

图 3-6　尺寸标注的类型

3. 尺寸标注的基本步骤

（1）调用"图层特性管理器"对话框，创建一个独立的图层，用于尺寸标注。

（2）调用"文字样式"对话框，创建一个文字样式，用于尺寸标注。

（3）调用"标注样式管理器"对话框，设置标注样式。

（4）调用尺寸标注命令，对图形进行尺寸标注。

二、创建标注样式

在 AutoCAD 中，要创建标注样式，选择"格式"→"标注样式"命令，打开"标注样式管理器"对话框，单击"新建"按钮，在打开的"创建新标注样式"对话框中即可创建新标注样式。

在一张工程图中，通常有多种尺寸标注的形式，因此应根据需要把绘图中常用的尺寸标注形式一一创建为标注样式，在需用使用时就可以直接调用，避免尺寸变量的反复设置，提高绘图效率，且便于修改。下面以常用的工程图标注样式的创建来讲解创建过程。

（1）从"标注"工具栏单击 按钮，弹出"标注样式管理器"对话框，如图 3-7 所示。单击该对话框中的"新建…"按钮，弹出"创建新标注样式"对话框，如图 3-8 所示。

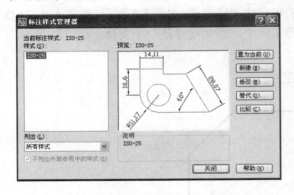
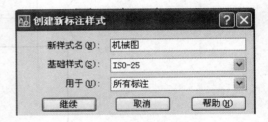

图 3-7 "标注样式管理器"对话框   图 3-8 "创建新标注样式"对话框

（2）在"创建新标注样式"对话框中的"基础样式"下拉列表中选择一种与所要创建的标注样式相近的标注样式作为基础样式。在"创建新标注样式"对话框中的"新样式名"文字编辑框中输入所要创建的标注样式的名称"电气图"，并用于"所有标注"。单击"创建新标注样式"对话框中的"继续…"按钮，弹出"新建标注样式"对话框。

（3）在"新建标注样式"对话框中选择"直线"标签（见图 3-9），进行如下设置：

在"尺寸线"区："颜色"设成"随层"；"线宽"设成"随层"；"超出标记"设为"0"；"基线间距"输入"8"；关闭"隐藏"选项。

在"尺寸界线"区："颜色"设为"随层"；"线宽"设成"随层"；"超出尺寸线"值输入"2"；"起点偏移量"输入"0"以上。

（4）在"新建标注样式"对话框中选择"符号和箭头"标签（见图 3-10），进行如下设置：

在"箭头"区："第一个"和"第二个"下拉列表中一般工程图（含机械图、电气图、水工图）选择"实心闭合箭头"选项，水工图在需要时也可选择"倾斜"即细 45 斜线选项，房屋建筑图选择"建筑标记"即粗 45°斜线选项；"箭头大小"输入"3"。

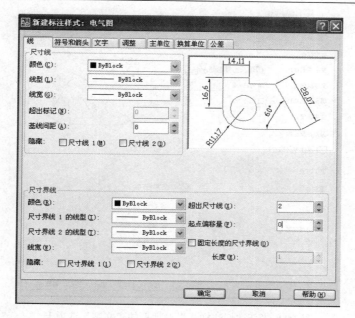

图 3-9　"新建标注样式"对话框的"直线"选项卡

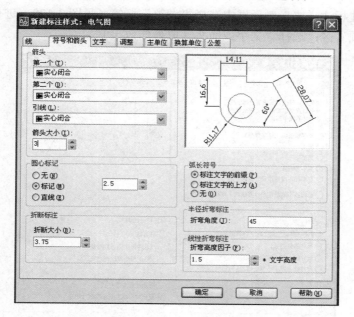

图 3-10　"新建标注样式"对话框的"符号和箭头"选项卡

（5）在"新建标注样式"对话框中选择"文字"标签（见图 3-11），进行如下设置：

在"文字外观"区："文字样式"下拉列表中选择"工程图中尺寸"文字样式；"文字颜色"设为"随层"；"文字高度"输入数值"3.5"；"关闭"绘制文字边框开关。

在"文字位置"区："垂直"下拉列表中选择"上方"（Above）；"水平"下拉列表中选择"置中"（Centered）；"从尺寸线偏移"值输入"1"。

在"文字对齐"区：选择"与尺寸线对齐"选项。

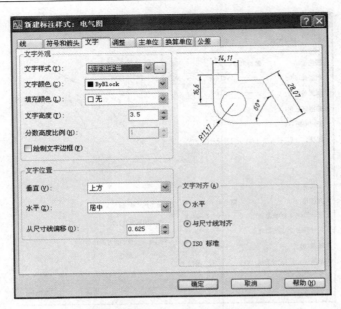

图 3-11 "新建标注样式"对话框的"文字"选项卡

（6）在"新建标注样式"对话框中选择"调整"标签（见图 3-12），进行如下设置：
在"调整选项"区：选择"文字或箭头（取最佳效果）"。

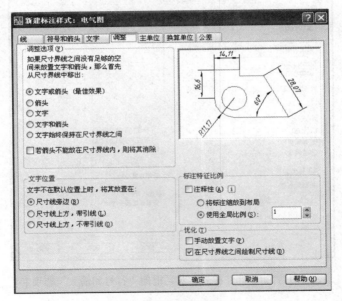

图 3-12 "新建标注样式"对话框的"调整"选项卡

在"文字位置"区：选择"尺寸线旁边"选项。

在"标注特征比例"区：选择"使用全局比例"选项。

在"优化"区：打开"始终在尺寸界线之间绘制尺寸线"开关。

（7）"换算单位"选项卡。显示"换算单位"选项卡的"新建标注样式"对话框，该选项卡主要用来设置换算尺寸单位的格式和精度，并设置尺寸数字的前缀和后缀。"换算单位"选项卡在特殊情况时才使用 （默认设置为不显示）。该选项卡中的各操作项与"主单位"选项卡的同类项基本相同。

（8）"公差"选项卡。"新建标注样式"对话框中的"公差"选项卡，主要用于机械图。

（9）在"新建标注样式"对话框中选择"主单位"标签（见图3-13），进行如下设置：

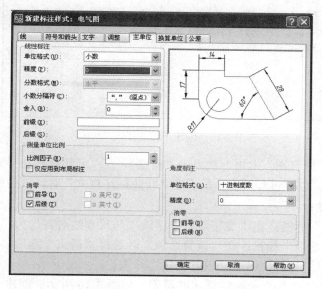

图 3-13 "新建标注样式"对话框的"主单位"选项卡

在"线性标注"区："单位格式"下拉列表中选择"小数"即十进制；"精度"下拉列表中选择"0"（表示尺寸数字是整数，如是小数应按需要选择）；"比例因子"应根据当前图的绘图比例输入比例值。

在"角度"区："单位格式"下拉列表中选择"十进制度数"；"精度"下拉列表中选择"0"。

设置完成后，单击"确定"按钮，AutoCAD 存储新创建的"电气图"标注样式，返回"标注样式管理器"对话框，并在"样式"列表框中显示"电气图"标注样式名称，完成该标注样式的基本创建，如图3-14 所示。

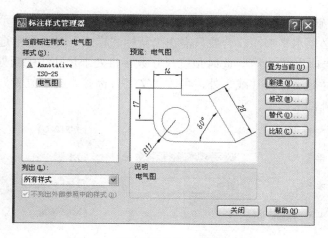

图 3-14 "标注样式管理器"对话框

（10）在总的基础标注样式上创建专门适用"半径标注"、"直径标注"的子标注样式，如图 3-15 所示。

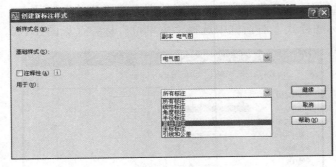

图 3-15　创建子标注样式（一）

将鼠标定位的"电气图"上再一次单击"新建"，在"创建新标注样式"对话框中，设置为"用于半径标注"，创建过程同上，只需在"新建标注样式"对话框中修改与"电气图"标注样式中不同的 3 处：

1）选择"文字"标签：在"文字对齐"区改"与尺寸线对齐"为"ISO"选项。

2）选择"调整选项"标签：在"调整选项"区选择"箭头"选项。

3）"优化"区打开"标注时手动放置文字"开关。

点击确定，完成"半径"子标注样式的设置，如图 3-16 所示。创建"直径"子标注样式的方法同上。

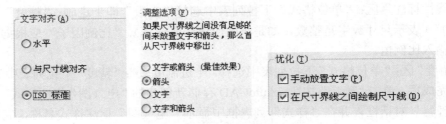

图 3-16　创建子标注样式（二）

（11）在总的基础标注样式上创建"角度"标注样式，如图 3-17 所示。根据我国制图标准，角度尺寸数字必须水平书写。若要只需在"新标注样式"对话框中选择"文字"标签，改"文字对齐"区选项为"水平"，此时角度尺寸数字将处于尺寸线中断处且水平。若标注较小的角度，希望尺寸数字在尺寸线之外，可改"文字"标签"文字位置"区"垂直"下拉列表框中的选项为"外部"。

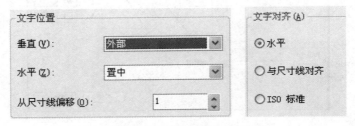

图 3-17　"角度"子样式的设置

（12）在总的基础标注样式上创建"小尺寸的标注"标注样式。

创建过程相同，只需在"新建标注样式"对话框中修改与"机械图"标注样式不同的两处，如图 3-18 所示。

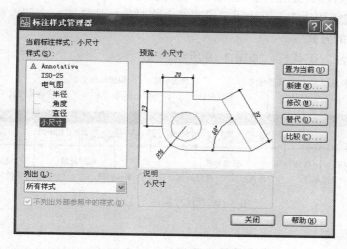

图 3-18　"标注样式管理器"对话框

1）选择"直线与箭头"标签：在"箭头"区"第一个"下拉列表中选择"▣ 小点"（"连续小尺寸 2"还要在"箭头"区"第二个"下拉列表中选择"▣ 小点"）。

2）选择"调整"标签：在"调整选项"区选择"文字和箭头"。

（13）设置当前标注样式。创建了一系列所需的标注样式后，要标注哪一种尺寸就应把相应的标注样式设为当前标注样式。

操作"标注样式管理器"对话框中的"置为当前"按钮可将某已有的标注样式设为当前标注样式。方法是：先在"标注样式管理器"对话框的"样式"列表框中选择一个标注样式，然后单击"置为当前"按钮，即将所选择的标注样式设为当前标注样式。

设置当前标注样式快捷的方法是：从"标注"工具栏的"样式名"下拉列表中选择一个，选中的标注样式即设为当前标注样式并显示在窗口中。

三、修改标注样式

若要修改某一标注样式，可按以下步骤操作：

（1）从"标注"工具栏单击"标注样式" 按钮，弹出"标注样式管理器"对话框。

（2）在"标注样式管理器"对话框中，从"样式"列表框中选择所要修改的标注样式，然后单击"修改…"按钮，弹出"修改标注样式"对话框。

（3）在"修改标注样式"对话框中进行所需的修改（该对话框与"创建新标注样式"对话框内容完全相同，操作方法也一样）。

（4）修改后单击"确定"按钮，AutoCAD 将按原有样式名存储所作的修改，并返回"标注样式管理器"对话框，完成修改。

（5）选择"关闭"（Close）按钮，结束命令。

修改后，所有按该标注样式标注的尺寸（包括已经标注和将要标注的尺寸）均自动按新设置的标注样式进行更新。

四、标注样式的代替

在进行尺寸标注时，常常有个别尺寸与所设标注样式相近但不相同，若修改相近的标注样式，将使所有用该样式标注的尺寸都改变，若再创建新的标注样式又显得很繁琐。AutoCAD 2008 中的标注样式代替功能，可让用户设置一个临时的标注样式，方便地解决了这一问题。

五、标注尺寸的方式

打开"尺寸标注"工具栏，如图 3-19 所示。

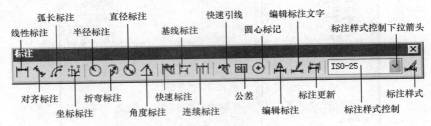

图 3-19 "尺寸标注"工具栏

1. 线性尺寸标注

该命令主要用来标注水平或铅垂的线性尺寸。图 3-20 所示是用"直线"标注样式所标注的线性尺寸。在标注线性尺寸时，应打开固定对象捕捉和极轴追踪。

2. 对齐尺寸标注

该命令用来标注倾斜的线性尺寸。图 3-21 所示是用"直线"标注样式所标注的对齐尺寸。

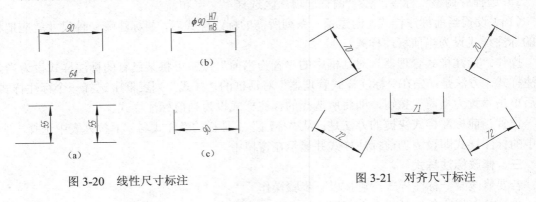

图 3-20 线性尺寸标注　　　　　　　　图 3-21 对齐尺寸标注

3. 坐标尺寸标注

该命令用来标注图形中特征点的 X 和 Y 坐标，如图 3-22 所示。因为 AutoCAD 使用世界坐标系或当前的用户坐标系的 X 和 Y 坐标轴，所以标注坐标尺寸时，应使图形的（0,0）基准点与坐标系的原点重合，否则应重新输入坐标值。

4. 半径尺寸标注

该命令用来标注圆弧的半径。图 3-23（a）所示是"直线"标注样式所标注的半径尺寸，图 3-23（b）所示是"圆与圆弧引出"标注样式所标注的半径尺寸。

5. 直径尺寸标注

该命令用来标注圆及圆弧的直径。图 3-24（a）所示是"直线"标注样式所标注的直径尺寸，图 3-24（b）所示是"圆与圆弧引出"标注样式所标注的直径尺寸。

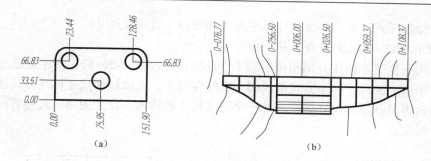

图 3-22　坐标尺寸示例

（a）坐标尺寸直接给引线终点标注示例；（b）坐标尺寸重新输入坐标值示例

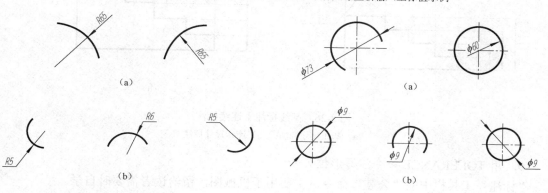

图 3-23　半径尺寸标注

（a）用"直线"标注样式标注；
（b）用"圆与圆弧引出"标注样式标注

图 3-24　直径尺寸标注

（a）用"直线"标注样式标注；
（b）用"圆与圆弧引出"标注样式标注

6. 角度尺寸标注

该命令用来标注角度尺寸。将"角度"标注样式设为当前标注样式，操作该命令可标注两非平行线间、圆弧及圆上两点间的角度，如图 3-25 所示。

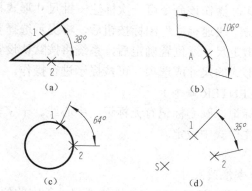

图 3-25　角度尺寸标注

（a）在两直线间标注角度尺寸；（b）对圆上某部分标注角度尺；（c）对整段圆弧标注角度尺寸；
（d）三点形式的角度标注

7. 用 DIMBASELINE 命令标注基线尺寸

该命令用来快速地标注具有同一起点的若干个相互平行的尺寸。图 3-26（a）所示是选定"直线"标注样式，采用基线尺寸标注方式标注的一组线性尺寸。

8. 用 DIMCONTINUE 命令标注连续尺寸

该命令用来快速地标注首尾相接的若干个连续尺寸。图 3-26（b）所示是选定"直线"标注样式，采用连续尺寸标注方式标注的一组线性尺寸。先用线性尺寸标注方式注出一个基准尺寸，然后再进行连续尺寸标注，每一个连续尺寸都将前一尺寸的第二尺寸界线为第一尺寸界线进行标注。

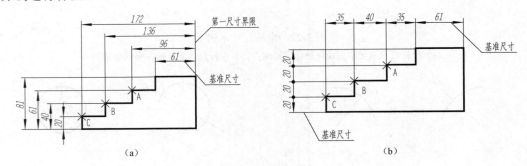

图 3-26   基线标注于连续标注

（a）基线尺寸标注；（b）连续尺寸标注

9. 用 TOLERANCE 命令注写形位公差

"标注"工具栏中的"公差"命令，主要用于机械图，留给读者需要时自学。

10. 用 QLEADER 命令快速标注引线尺寸

快速标注引线尺寸命令使引线与说明的文字一起标注。其引线可有箭头，也可无箭头；可是直线，也可是样条曲线；可指定文字的位置；文字可以使用多行文字编辑器输入，并能标注带指引线的形位公差。

11. 用 QMID 命令快速标注

快速标注命令是用更简捷的方法来标注线性尺寸、坐标尺寸、半径尺寸、直径尺寸、连续尺寸等的标注尺寸的方式。操作该命令可一次标注一批尺寸形式相同的尺寸。

从"标注"工具栏单击"快速标注"图标按钮后，将提示选择要标注的几何图形，用户可一次选择多个实体，在指定尺寸线位置确定后，系统将按默认设置标注出一批连续尺寸并结束命令；若要标注其他形式的尺寸应选项，可按提示进行操作。

12. 圆心标记（DIMCENTER 命令）

该命令用来绘制圆心标记，圆心标记有无标记、中心线、十字标记三种形式，圆心标记的形式和大小应首先在标注样式中设定。

六、尺寸标注的修改

1. 用右键菜单中的命令修改尺寸

在 AutoCAD 2008 中，用右键菜单可方便地修改尺寸数字的位置、尺寸数字的精度，改变尺寸的标注样式，使尺寸箭头翻转，是修改尺寸最常用的方法。

具体操作步骤如下：

（1）在待命状态下选取需要修改的尺寸，使尺寸显示夹点。

（2）单击鼠标右键显示右键菜单，如图 3-27 所示。

（3）在右键菜单上部第 2 格中选择需要的选项，尺寸即修改。若选项后进入绘图状态，根据需要按提示操作后可完成修改。

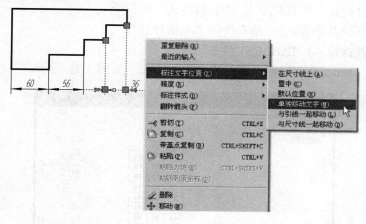

图 3-27　修改尺寸的右键菜单

2. 用"标注"工具栏中的命令修改尺寸

在 AutoCAD 2008 中，"标注"工具栏中有 7 个修改尺寸的命令，可根据需要选用它们。

（1）"标注间距"命令：可将选中的尺寸以指定的尺寸线间距均匀整齐地排列。

（2）"折断标注"命令：可将已有线性尺寸的尺寸线或尺寸界线按指定位置删除一部分。

（3）"检验"命令：可在选中尺寸的尺寸数字前后加注所需的文字，并可在尺寸数字与加注的文字之间绘制分隔线并加注外框。

（4）"折弯线性"命令：可在已有线性尺寸的尺寸线上加一个折弯。

（5）"编辑标注"命令：可改变尺寸数字的大小，旋转尺寸数字，使尺寸界线倾斜等。

（6）"编辑标注文字"命令：可改变尺寸数字的放置位置。

（7）"标注更新"命令：可将已有尺寸的标注样式改为当前标注样式。

3. 用"特性"命令全方位修改尺寸

全方位地修改一个尺寸，应使用 PROPERTIES 　 "特性"命令，该命令不仅能修改所选尺寸的颜色、图层、线型，还可修改尺寸数字的内容，并能重新编辑尺寸数字、重新选择尺寸样式、修改尺寸样式内容，操作方法同前所述。

模块 3　AutoCAD 中的表格应用

用"表格"（TABLE）命令可绘制表格，在该命令中可选择所需的表格样式、设置表格的行和列数、以多行文字格式注写文字，还可进行公式运算等操作。执行"表格"命令之前，应先设置表格样式。

一、设置表格样式

表格样式决定了所绘表格中的文字字型、大小、对正方式、颜色，以及表格线型的线宽、颜色和绘制方式等。可使用默认的"Standard"表格样式，若默认表格样式不是所希望的，应先设置所需的表格样式。

可以通过以下方式打开"表格样式"对话框：

方法一：从"样式"工具栏单击："表格样式"按钮。

方法二：从下拉菜单选取："格式"→"表格样式"。

方法三：从键盘输入：TABLESTYLE。

输入命令后，AutoCAD 显示"表格样式"对话框，如图 3-28 所示。

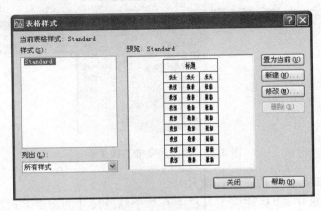

图 3-28 "表格样式"对话框

创建表格样式的步骤：

（1）在"表格样式"对话框中，单击"新建"。

（2）在"创建新的表格样式"对话框中，输入新表格样式的名称。

（3）在"基础样式"下拉列表中，选择一种表格样式作为新表格样式的默认设置。单击"继续"。

（4）在"新建表格样式"对话框中，单击"选择表格"按钮，可以在图形中选择一个要应用新表格样式设置的表格。

（5）在"表格方向"下拉列表中，选择"下"或"上"。"上"创建由下而上读取的表格；标题行和列标题行都在表格的底部。

（6）在"单元样式"下拉列表中，选择要应用到表格的单元样式，或通过单击该下拉列表右侧的按钮，创建一个新单元样式。

（7）在"基本"选项卡中，选择或清除当前单元样式的以下选项：

1）填充颜色：指定填充颜色。选择"无"或选择一种背景色，或者单击"选择颜色"以显示"选择颜色"对话框。

2）对齐：为单元内容指定一种对齐方式。"中心"指水平对齐；"中间"指垂直对齐。

3）格式：设置表格中各行的数据类型和格式。单击"…"按钮以显示"表格单元格式"对话框，从中可以进一步定义格式选项。

4）类型：将单元样式指定为标签或数据，在包含起始表格的表格样式中插入默认文字时使用。也用于在工具选项板上创建表格工具的情况。

5）页边距-水平：设置单元中的文字或块与左右单元边界之间的距离。

6）页边距-垂直：设置单元中的文字或块与上下单元边界之间的距离。

7）创建行/列时合并单元：将使用当前单元样式创建的所有新行或列合并到一个单元中。

（8）在"文字"选项卡中，选择或清除当前单元样式的以下选项：

文字样式：指定文字样式。选择文字样式，或单击"···"按钮打开"文字样式"对话框并创建新的文字样式。

文字高度：指定文字高度。此选项仅在选定文字样式的文字高度为 0 时可用。（默认文字样式 STANDARD 的文字高度为 0。）如果选定的文字样式指定了固定的文字高度，则此选项不可用。

文字颜色：指定文字颜色。选择一种颜色，或者单击"选择颜色"显示"选择颜色"对话框。

文字角度：设置文字角度。默认的文字角度为 0°。可以输入−359°至+359°之间的任何角度。

（9）使用"边框"选项卡，可以控制当前单元样式的表格网格线的外观：

线宽：设置要用于显示边界的线宽。如果使用加粗的线宽，可能必须修改单元边距才能看到文字。

线型：通过单击边框按钮，设置线型以应用于指定边框。将显示标准线型"BYBLOCK"、"BYLAYER"和"连续"，或者可以选择"其他"加载自定义线型。

颜色：指定颜色以应用于显示的边界。单击"选择颜色"，将显示"选择颜色"对话框。

双线：指定选定的边框为双线型。可以通过在"间距"框中输入值来更改行距。

边框显示按钮：应用选定的边框选项。单击按钮可以将选定的边框选项应用到所有的单元边框，外部边框、内部边框、底部边框、左边框、顶部边框、右边框或无边框。对话框中的预览将更新以显示设置后的效果。

（10）单击"确定"。

二、插入和填写表格

设置所需的表格样式后，可用"表格"（TABLE）命令来插入和填写表格。可按以下方式之一输入命令：

方法一：从"绘图"工具栏单击："表格"按钮▦。

方法二：从下拉菜单选取："绘图"→"表格"。

方法三：从键盘输入：TABLE。

输入命令后，AutoCAD 显示"插入表格"对话框，如图 3-29 所示。

"插入表格"对话框中需要设置"表格样式设置"、"插入方式"、"列和行设置"、"插入选项"、"设置单元样式"五个区等内容。完成"插入表格"对话框的设置后，单击确定按钮，关闭对话框进入绘图状态，此时命令区提示："指定插入点"（或指定窗口的两对角点），指定后，AutoCAD 将显示多行文字输入格式，可单击单元格或操作键盘上的箭头移位键来选择位置输入文字。

说明：

（1）修改表格中某单元的文字，只需用鼠标双击它，即可在多行文字编辑框中进行修改。

（2）在表格中选中所需的对象（如表格、单元、文字），使用右键菜单可进行"求和"、"均值"、"方程式"运算等更多的操作和修改。

应用夹点功能修改表格的大小非常方便。

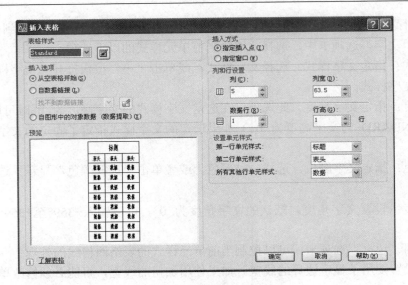

图 3-29　"插入表格"对话框

模块 4　AutoCAD 设计中心与外部参照（TYBZ00706012）

一、引用外部图形参照、更新和管理

可以把已有的图形文件以参照的形式插入到当前图形中（即外部参照），并通过 AutoCAD 设计中心浏览、查找、预览、使用和管理这些不同的资源文件。外部参照与块有相似的地方，但它们的主要区别是：块就插入到当前图形中，成为当前图形的一部分。而外部参照方式是将整个图形作为参照图形（外部参照）附着到当前图形中。附着的外部参照链接至另一图形，并不真正插入。因此，使用外部参照可以生成图形而不会显著增加图形文件的大小。而且通过外部参照，参照图形中所作的修改将反映在当前图形中。

1. 附加外部参照图形

选择"插入"→"外部参照"命令（EXTERNAL REFERENCES），将打开"外部参照"选项板。在选项板上方单击"附着 DWG"按钮，或在"参照"工具栏中单击"附着外部参照"按钮，都可以打开"选择参照文件"对话框。选择参照文件后，将打开"外部参照"对话框，利用该对话框可以将图形文件以外部参照的形式插入到当前图形中，如图 3-30 所示。

2. 插入 DWG、DWF、DGN 参考底图

在 AutoCAD 2008 中新增了插入 DWG、DWF、DGN 参考底图的功能，该类功能和附着外部参照功能相同，用户可以在"插入"菜单中选择相关命令。

3. 管理外部参照

在 AutoCAD 2008 中，用户可以在"外部参照"选项板中对外部参照进行编辑和管理。用户单击选项板上方的"附着"按钮 可以添加不同格式的外部参照文件；在选项板下方的外部参照列表框中显示当前图形中各个外部参照文件名称；选择任意一个外部参照文件后，在下方"详细信息"选项区域中显示该外部参照的名称、加载状态、文件大小、参照类型、参照日期及参照文件的存储路径等内容。

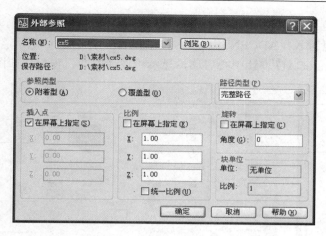

图 3-30　"外部参照"对话框

Autodesk 参照管理器提供了多种工具，列出了选定图形中的参照文件，可以修改保存的参照路径而不必打开 AutoCAD 中的图形文件。选择"开始"→"程序"→ Autodesk →AutoCAD 2008 "参照管理器"命令，打开"参照管理器"窗口，可以在其中对参照文件进行处理，也可以设置参照管理器的显示形式，如图 3-31 所示。

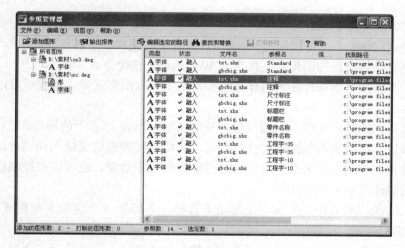

图 3-31　"参照管理器"对话框

二、利用设计中心的管理文件，观察、共享图形信息

AutoCAD 2008 设计中心提供了管理、查看的强大工具与工具选项板的功能，在 AutoCAD 设计中心可以浏览本地系统、网络驱动器，从 Internet 上下载文件。使用 AutoCAD 设计中心和工具选项板，可以轻而易举地将符号库中的符号或一张设计图中的图层、图块、文字样式、标注样式、线型及图形等复制到当前图形文件中。利用设计中心的"搜索"功能可以方便地查找已有图形文件和存放在各地方的图块、文字样式、尺寸标注样式、图层等。

1. AutoCAD 设计中心的启动和窗口

启动 AutoCAD 设计中心可选择下述方法之一：

方法一：从工具栏单击："设计中心"图标按钮 ▦。

方法二：从下拉菜单选取："工具"→"设计中心"。

方法三：从键盘键入：ADCENTER。

输入命令后，AutoCAD 设计中心启动，显示"设计中心"窗口，如图 3-32 所示。

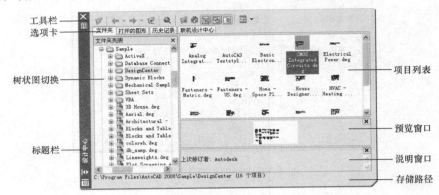

图 3-32 "文件夹"选项卡的"设计中心"窗口

AutoCAD 2008 的"设计中心"窗口具有自动隐藏功能，自动隐藏的激活或取消同"特性"选项板。将光标移至"设计中心"的标题栏上，使用右键菜单选项也可激活或取消自动隐藏。

2. AutoCAD 设计中心的功能

在 AutoCAD 2008 中，可以使用 AutoCAD 设计中心完成如下操作：

（1）创建对频繁访问的图形、文件夹和 Web 站点的快捷方式。

（2）根据不同的查询条件在本地计算机和网络上查找图形文件，找到后可以将它们直接加载到绘图区或设计中心。

（3）浏览不同的图形文件，包括当前打开的图形和 Web 站点上的图形库。

（4）查看块、图层和其他图形文件的定义，并将这些图形定义插入到当前图形文件中。

（5）通过控制显示方式来控制设计中心控制板的显示效果，还可以在控制板中显示与图形文件相关的描述信息和预览图像。

（6）AutoCAD "设计中心"窗口上部是工具栏，下部是 4 个选项卡与相应内容的显示。

3. 观察图形信息

在"设计中心"窗口中，可以使用"工具栏"和"选项卡"来选择和观察设计中心中的图形。

"设计中心"窗口的左边是树状图，即是 AutoCAD 设计中心的资源管理器，显示系统内部的所有资源。它与 Windows 资源管理器操作方法类同；窗口右边是内容显示框，也称控制板。在内容显示框的上部，显示树状图中所选择图形文件的内容，下部是图形预览区和文字说明显示区。

在树状图中如果选择一个图形文件，内容显示框中将显示标注样式、表格样式、布局、块、图层、外部参照、文字样式、线型 8 个图标（相当于文件夹），双击其中某个图标或在树状图中选择这些图标中的某一个， 内容显示框中将显示该图标中所包含的所有内容。如选择了"块"图标，内容显示框中将显示该图形中所有图块的名称，单击某图块的名称，在内容显示框的下部预览框内将显示该图块的形状。

4. 在"设计中心"中查找内容

使用 AutoCAD 设计中心的查找功能，可通过"搜索"对话框快速查找诸如图形、块、图层及尺寸样式等图形内容或设置。

利用"搜索"对话框可查找只知名称不知存放位置的图层、图块、标注样式、文字样式、表格样式、线型等，并可将查到的内容拖放到当前图形中。下面以查找"直线"标注样式为例，操作过程如下：

（1）在"搜索"对话框的"搜索"下拉列表中选择"标注样式"选项。

（2）在"于"下拉列表中指定搜索位置（或单击浏览按钮选择搜索位置）。

（3）在"搜索名称"文字编辑框中输入"直线"标注样式名。

（4）单击"立即搜索"按钮，在对话框下部的查找栏内出现查找结果，如图 3-33 所示。查找出所需要的内容后，可选择其中一个，直接将其拖曳到绘图区中，单击关闭按钮，结束查找。

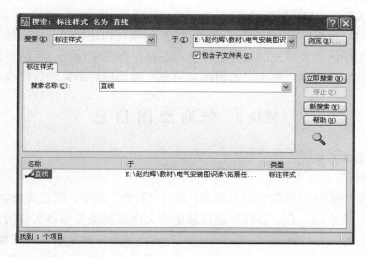

图 3-33　"搜索"对话框

5. 使用设计中心的图形

使用 AutoCAD 设计中心，可以方便地在当前图形中插入块，引用光栅图像及外部参照，在图形之间复制块、复制图层、线型、文字样式、标注样式以及用户定义的内容等。

（1）用拖曳方式复制。在 AutoCAD 设计中心的内容显示框中，选择要复制的一个或多个图层（或图块、文字样式、标注样式、表格样式等），用鼠标左键拖动所选的内容到当前图形中，然后松开鼠标左键，所选内容就被复制到当前图形中。

（2）通过剪贴板复制。在设计中心的内容显示框中，选择要复制的内容，再用鼠标右键单击所选内容，弹出右键菜单，在右键菜单中选择"复制"选项，然后单击主窗口工具栏中"粘贴"按钮，所选内容就被复制到当前图形中。

6. 使用工具选项板

AutoCAD 2008 中的符号库都显示在工具选项板中，AutoCAD 将符号库按专业分类（命令类除外），工具选项板上的每一个选项卡就是一个符号库。若有与本专业相关的符号库，应熟悉它们。

（1）使用工具选项板中符号的方法。

使用 AutoCAD 2008 工具选项板中符号的方法是：将光标移至工具选项板中要选择的符号并单击鼠标左键，即选中该符号，此时命令提示区出现提示行："指定插入点或[基点（B）/比例（S）/X/Y/Z/旋转（R）]："，将光标移至绘图区（若需要可先选项，重新指定比例和旋转角度）指定插入点后，即将所选符号作为图块插入到当前图形中。

使用中应注意以下几点：

1）使用工具选项板中的自创符号，一般不改变比例，直接指定插入点即可。

2）使用工具选项板中的原有符号，应按实际情况确定比例，如"建筑"选项板中的符号是按实际大小绘制的，若在按实际大小绘图时插入，它们不需改变比例，若在返回原图幅后再插入，它们应按绘图比例重新指定插入比例。

3）工具选项板中的多个动态块都具有"可见性"功能，激活它，AutoCAD 会显示可见性菜单，可从中选择所需的尺寸或规格。

（2）工具选项板中 ISO 图案的方法。

使用 AutoCAD 2008"工具选项板"中的 ISO 图案可快速地进行图案填充，方法是：将选中的图案移至绘图区需要填充的边界中并单击左键，即完成填充。若填充比例（即疏密）不合适，可用鼠标双击图案，弹出"编辑图案填充"对话框对图案进行修改。

模块 5   查 询 绘 图 信 息

一、查询的基本方式

1. 通过"特性"命令查询

查询图形中选中实体信息的常用方法是：操作"特性"命令，即在待命状态下选择实体，当选中实体上显示夹点时，在"特性"选项板中将会全方位地显示该实体的信息。

图3-34 "查询"工具栏中的"区域"命令

2. 查询图形中对象或区域的面积和周长

查询图形中对象或区域的面积和周长，依次单击"工具"选项卡→"查询"面板→"面积"。或单击"查询"工具栏上的"区域"命令，如图 3-34 所示。

3. 查询图形对象其他信息

图形对象的信息主要包括面积、周长、距离信息、面域/质量特性、列表对象信息、点坐标值、对象状态、设置变量等。

二、基本操作方法

1. 查询区域的面积和周长

按"区域"命令的默认方式操作，AutoCAD 将在命令提示行中显示指定区域的面积和边界的周长。具体操作如下：

命令：area▨↵   ——或点"工具"→"查询"→"面积"，
                                                   激活查询面积、周长命令

指定第一个角点或［对象（O）/加（A）/减（S）]：

指定下一个角点或按 ENTER 键全选：　　　　——指定要查询区域边界的第 1 个端点

指定下一个角点或按 ENTER 键全选：　　　　——指定要查询区域边界的第 2 个端点

指定下一个角点或按 ENTER 键全选：　　　　——指定要查询区域边界的第 3 个端点

指定下一个角点或按 ENTER 键全选：↓　　　　——继续指定要查询区域边界的端点或按
　　　　　　　　　　　　　　　　　　　　　　　【Enter】键结束

面积=1350.355，周长=149.721　　　　　　　——信息行显示指定区域的面积与周长

2. 查询实体的面积和周长

选择"区域"命令中的"对象"选项，按提示指定对象后，AutoCAD 将在命令提示行中显示该实体的面积和边界的周长。具体操作如下：

命令：area▤↓　　　　　　　　　　　　　——或点"工具"→"查询"→"面积"，
　　　　　　　　　　　　　　　　　　　　　激活查询面积周长命令

指定第一个角点或 [对象（O）/加（A）/减（S）]：o↓　　——选"对象"项

选择对象：　　　　　　　　　　　　　　——选择一个实体

面积=613.80，周长=106.26　　　　　　　——信息行显示指定实体的面积与周长

3. 查询多个对象或区域面积的和

要查询多个对象或区域的面积和，应选择"区域"命令中的"加"选项，按提示操作，AutoCAD 将在命令提示行中依次显示它们相加后的总面积。具体操作如下：

命令：area▤↓　　　　　　　　　　　　　——或点"工具"→"查询"→"面积"，
　　　　　　　　　　　　　　　　　　　　　激活查询面积、周长命令

指定第一个角点或 [对象（O）/加（A）/减（S）]：a↓　　——选"加"项

指定第一个角点或 [对象（O）/减（S）]：o↓　——选"对象"项，也可直接给端点指定
　　　　　　　　　　　　　　　　　　　　　　区域

（"加"模式）选择对象：　　　　　　　——选择一个实体对象

面积=613.80，周长=106.26　　　　　　　——信息行显示第 1 个实体的面积与周长

总面积=613.80　　　　　　　　　　　　——信息行

（"加"模式）选择对象：　　　　　　　——再选择一个实体对象

面积=489.26，周长=89.71　　　　　　　——信息行显示第 2 个实体的面积与周长

总面积 = 1103.05　　　　　　　　　　　——信息行显示 2 个实体的面积和

（"加"模式）选择对象：↓　　　　　　——按【Enter】键结束选择，也可继续选
　　　　　　　　　　　　　　　　　　　　择实体

指定第一个角点或 [对象（O）/减（S）]：命令：↓
　　　　　　　　　　　　　　　　　　　　——再按【Enter】键结束命令

4. 查询多个对象或区域面积的差

要查询多个对象或区域的面积差，应先选择"区域"命令中的"加"选项，然后按提示指定被减对象或区域，结束"加"模式选择对象后，再按提示依次选择"减"项并指定要减去的对象或区域，AutoCAD 将在命令提示行中依次显示它们减后的总面积。具体操作如下：

命令：area▤↓　　　　　　　　　　　　　——或点"工具"→"查询"→"面积"，
　　　　　　　　　　　　　　　　　　　　　激活查询面积、周长命令

指定第一个角点或 [对象（O）/加（A）/减（S）]：a↓　　——选"加"项

指定第一个角点或［对象（O）/减（S）］：o↓ ——选"对象"项，也可直接给端点指定
区域

（"加"模式）选择对象： ——选择一个被减的实体
面积=1711.72，周长=169.89 ——信息行显示被减实体的面积与周长
总面积=1711.72 ——信息行
（"加"模式）选择对象：↓ ——按【Enter】键结束选择，也可继续选
择被减的实体

指定第一个角点或［对象（O）/减（S）］：s↓——选"减"项
指定第一个角点或［对象（O）/加（A）］：o↓——选"对象"项，也可直接给端点指定
区域

（"减"模式）选择对象： ——选择一个要减去的实体
面积=297.21，圆周长=61.11 ——信息行显示要减去实体的面积与周长
总面积=1414.51 ——信息行显示 2 个实体的面积差
（"减"模式）选择对象：↓ ——按【Enter】键结束选择，也可继续选
择要减去的实体

指定第一个角点或［对象（O）/加（A）］：↓ ——再按【Enter】键结束命令

说明：

（1）当选定对象查询其面积和周长时，可以计算圆、椭圆、样条曲线、多段线、多边形、面域和实体的面积。

（2）如果选择开放的多段线，将假设从最后一点到第一点绘制了一条直线，然后计算所围区域中的面积。计算周长时，将忽略该直线的长度。

三、查询三维实体的体积

查询图形中三维实体的体积，可以操作"查询"工具栏上的"面域/质量特性"命令，如图 3-35 所示。按提示操作后，AutoCAD 将在命令提示行和弹出的文本窗口中显示选中实体的体积。

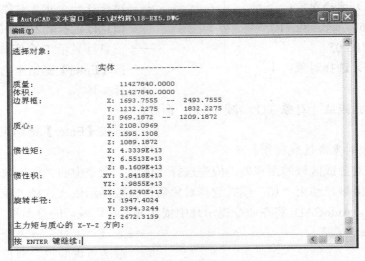

图 3-35   "查询"工具栏中的"面域/质量特性"命令

四、查询图形文件的属性

在现代化的生产管理中，为了科学地管理图形文件，用计算机绘制的工程图一般都要定义图形属性。在管理或绘图中有时需要查询某图形文件的图形属性，查询图形属性的方法是：从下拉菜单选取 "文件"→"图形特性⋯"，输入命令后，AutoCAD 将弹出已定义过的"图形属性"对话框，可从中查询该图形文件的图形属性，并可以进行修改，如图 3-36 所示。

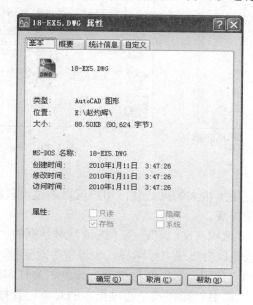

图 3-36　"概要"选项卡的"图形属性"对话框

模块 6　图形文件打印输出（TYBZ00706015）

在打印图形前，首先应先选择打印机或绘图仪，然后通过指定打印样式表控制对象的打印特性，并通过页面设置指定打印作业的基本设置（如图纸尺寸、打印区域、打印比例和方向等），最后再执行打印命令完成图形输出。

一、打印机或绘图仪的设置

要输出图形必须配备相应的打印设备，用户可根据自己的打印机或绘图仪等输出设备的型号，在 Windows 或 AutoCAD 中设置自己的输出设备。

（1）在 Windows 系统中设置打印机：打开 Windows 的"控制面板"，选择"打印机和其他硬件"项，点击"Autodesk 绘图仪管理器"图标，即可进入"添加绘图仪"向导；也可在 Windows 控制面板中修改此打印机的特性，如选择"Default Windows System Printer.pc3"图标，右击选属性，出现图 3-37 所示对话框，进行设置。

（2）在 AutoCAD 中设置打印机：

命令行：Plottermanager

菜单：单击【文件】菜单，选择【绘图仪管理器】子菜单，出现如图 3-38 所示"Plotters"对话框。通过"添加绘图仪"向导，用户可根据需要在 AutoCAD 中设置自己的打印机或绘图仪等输出设备。

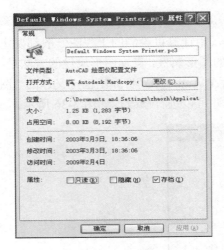

图 3-37　打印机属性对话框　　　　　　图 3-38　"Plotters"对话框

二、打印样式设置

使用打印样式给用户提供了很大的灵活性，用户可以通过设置打印样式来替代其他对象特性，从而改变输出图形的外观。

点击"工具"菜单 → "选项（N）..."，在"选项"对话框的"打印和发布"选项卡上，单击"打印样式表设置"按钮，会出现"打印样式表设置"对话框，如图 3-39 所示。常见的打印样式有"颜色相关"和"使用命名"两种类型。颜色相关打印样式表是根据对象的颜色设置样式，其扩展名为.ctb。命名打印样式是通过指定的对象设置样式，与对象的颜色无关，其扩展名为.stb。通过使用颜色相关打印样式来控制对象的打印方式，将确保所有颜色相同的对象以相同方式打印。在 AutoCAD 的"打印样式管理器"中安装了多个颜色相关打印样式表，常用的 acad.ctb 为默认打印样式表，可按设置打印彩色图纸；Monochrome.ctb 为黑白打印样式，会将所有颜色转换为饱和度相同的黑色打印；而 Screening.ctb 打印样式可以对所有颜色使用 25%～100%墨水进行打印。

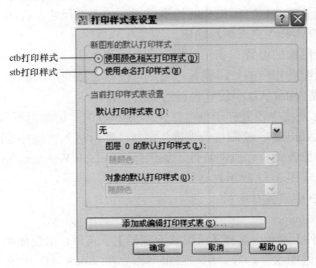

图 3-39　"打印样式表设置"对话框

三、页面设置和图面布局

1. 页面设置

页面设置是打印设备和其他影响最终输出的外观和格式的设置的集合，包括打印机、图纸尺寸、打印比例等相关设置，是随布局一起保存的打印设置。可以保存并命名某个布局的页面设置，然后将命名的页面设置应用到其他布局中。

在【模型】选项卡中完成图形之后，可以单击"文件"菜单，选择"页面设置管理器"子菜单，出现图 3-40 所示对话框。

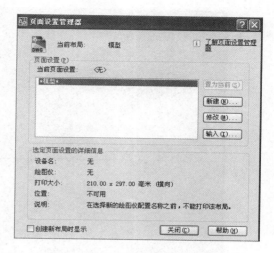

图 3-40　"页面设置管理器"对话框

2. 创建和管理布局

在 AutoCAD 2008 中，可以根据需要创建任意多个布局。每个布局都代表一张单独的打印输出图纸。创建新布局后就可以在布局中创建浮动视口。视口中的各个视图可以使用不同的打印比例，并能够控制视口中图层的可见性。

在默认情况下，单击某个布局选项卡时，系统将自动显示"页面设置"对话框，设置页面布局。如果以后要修改页面布局，可从快捷菜单中选择"页面设置管理器"命令，通过修改布局的页面设置，将图形按不同比例打印到不同尺寸的图纸中。

单击"工具"菜单，选择"向导"子菜单，选择"创建布局"项，出现图 3-41 所示对话框，依据提示，输入或选择相关内容后，点击下一步按钮，完成创建工作。

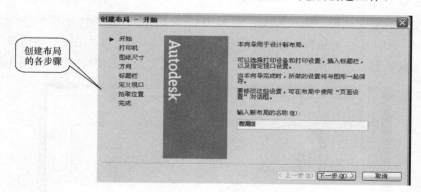

图 3-41　"创建布局"对话框

3. 使用浮动视口

绘图界面的下方有两种选项，"模型"选项卡提供了一个无限的绘图区域，称为模型空间。"布局"选项卡提供了一个称为图纸空间的区域，单击【模型】选项卡，可将【模型】选项卡置为当前，以实现两个空间的互相切换。

视口是显示用户模型的不同视图的区域。在"模型"空间，使用"视图"→"视口"→"新建视口…"命令，可以将绘图区域拆分成一个或多个相邻的矩形视图，称为模型空间视口（见图 3-42），设置不同的视口会得到俯视图、正视图、侧视图和立体图等可以从不同的角度、按不同的比例观察一些大型或复杂的图形。但在某一时刻只有一个视口处于激活状态。

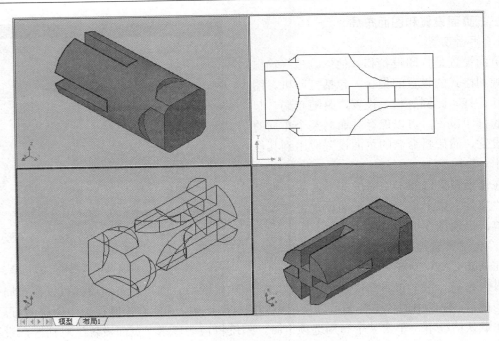

图 3-42 "模型空间视口"

　　同时，也可以在图纸空间创建视口，这些视口可以相互重叠或分离，又称为浮动视口。在构造布局图时，可以将浮动视口视为图纸空间的图形对象，并对其进行移动和调整，形成灵活、多变的视图排列。

　　另外，在图纸空间如果要编辑模型，必须激活浮动视口，进入浮动模型空间。激活浮动视口的方法有多种，如：可执行 MSPACE 命令、单击状态栏上的"图纸"按钮或双击浮动视口区域中的任意位置。未激活浮动视口时，无法编辑模型空间中的对象，如图 3-43 所示。

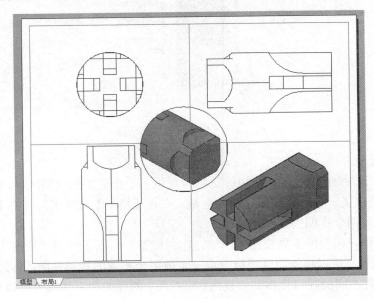

图 3-43 "图纸空间视口"

　　在图纸空间，依次单击"视图"→"视口"→"新建视口…"；或在命令提示下，输入VPORTS，可以出现"视口创建"对话框创建所需的浮动视口，如图 3-44 所示。

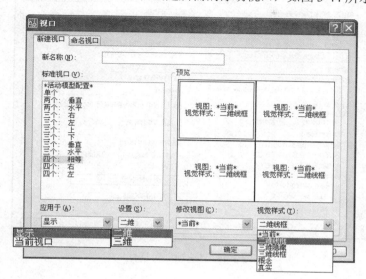

图 3-44　"视口"对话框

　　4. 调整和删除浮动视口

　　创建视口后，可以根据需要更改其大小、特性、比例以及对其进行移动。可以使用"特性"选项板修改视口特性，也可以选择要剪裁的视口，然后在绘图区域中单击鼠标右键，单击进行"视口剪裁"。

　　四、打印输出

　　1. 打印设置

　　单击"工具"菜单，选择"选项"子菜单，打开对话框如图 3-45 所示，选择"打印和发布"项。

　　打印预览功能：依次单击菜单"文件"，选择"打印"子菜单。在"打印"对话框中，单击"预览"。将打开预览窗口，光标将改变为实时缩放光标。单击鼠标右键可显示包含以下选项的快捷菜单：【打印】、【平移】、【缩放】、【缩放窗口】或【缩放为原窗口】（缩放至原来的预览比例）。按 ESC 键退出预览并返回到【打印】对话框。

　　如果需要，继续调整其他打印设置，然后再次预览打印图形。

　　设置正确之后，单击【确定】以打印图形。

　　2. 正式打印

　　用户在设置各项打印参数时，还应根据打印机的类型来综合考虑打印效果。由于激光打印机的输出分辨率高、速度快，因此，使用激光打印机出图后，图纸上图形的线宽比实际线宽要细，用户可在输出图形之前将输出线宽设为相对比实际线宽粗一些；若使用喷墨打印机输出图形，则输出图形后的线宽比实际线宽要粗，因此，可在输出图形之前将输出线宽设为相对比实际线宽细一些；使用绘图仪输出图形后的线宽则与实际线宽非常相近，它也是众多输出设备中输出效果最好的设备之一。

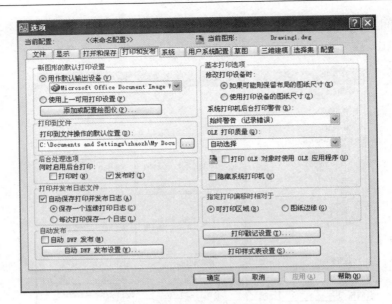

图 3-45 "选项"对话框

命令的调用方式为：

方法一：命令行：PLOT。

方法二：工具栏："标准" → 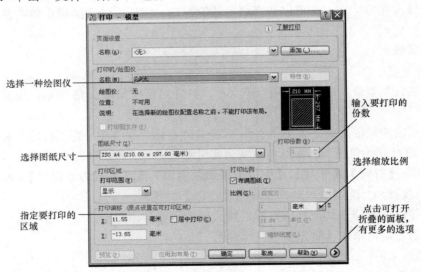。

方法三：单击"文件"菜单，选择"打印"子菜单，出现如图 3-46 所示对话框。

图 3-46 "打印"对话框

五、在模型空间绘制和打印的一般流程

在模型空间中完成图形的创建、注释及打印，不使用布局选项卡，是比较传统的方法。这种方法对具有一个视图的二维图的打印输出形尤其有用。

（1）点击"模型"选项卡进入模型空间。

（2）在模型空间中确定图形的测量单位（图形单位）。

（3）指定图形单位的显示样式。

（4）计算并设置标注、注释和块的比例。应输入文字、线型、尺寸标注、填充图案、图块的比例。

（5）在模型空间中按实际比例（1:1）进行绘制。

（6）在模型空间中创建注释并插入块。

（7）按预先确定的比例打印图形。

依次单击"文件"菜单，选择"打印"子菜单；或在命令提示下，输入 PLOT；或在"模型"选项卡上单击鼠标右键，然后单击"打印"，都将打开图 3-47 所示的模型空间下的"打印"对话框。

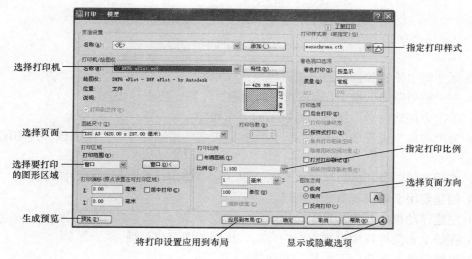

图 3-47　"打印"对话框

1）在"打印"对话框的"打印机/绘图仪"下，从"名称"列表中选择一种绘图仪。

2）在"图纸尺寸"下，从"图纸尺寸"框中选择图纸尺寸。

3）（可选）在"打印份数"下，输入要打印的份数。

4）在"打印区域"下，指定图形中要打印的部分。

5）在"打印比例"下，从"比例"框中选择缩放比例。

6）有关其他选项的信息，请单击"其他选项"按钮。

7）在"打印样式表 （笔指定）"下，从"名称"框中选择打印样式表。

8）在"着色视口选项"和"打印选项"下，选择适当的设置。

9）"图形方向"下，选择一种方向。

设置完毕后单击"确定"。在出现的如图 3-48 所示的"浏览打印文件"对话框中，选择路径保存文件，则完成打印和作业发布。

六、在图纸空间绘制和打印的一般流程

在模型空间完成图形绘制、编辑，尺寸标注等工作后，也可以切换到图纸空间，通过创建一个或多个布局来输出图形。在图纸空间环境中，可以根据自己的需要将原来的视口划分为多个任意布置的浮动视口。通过对视口的移动、缩放、增减等编辑操作，达到合理布图的目的，最终将得到所需要的图形组合显示（或打印）效果，使设计工作更加方便、快捷。

图 3-48 "浏览打印文件"对话框

在图纸空间中绘制和打印的一般流程是：

（1）在"模型空间"按 1:1 完成新图的创建、注释、检查和修改。

（2）单击布局选项卡，新建一组以上的"布局"。

（3）为"布局"设置适当的页面，例如打印设备、图纸尺寸、打印区域、打印比例和图形方向。

（4）将适当的图框和标题栏插入到布局中（除非使用已具有标题栏的图形样板）。

（5）创建要用于布局视口的新图层。

（6）创建浮动视口并将其置于布局中。

（7）在每个布局视口中设置视图的方向、比例和图层可见性。

（8）根据需要在布局中添加标注和注释。

（9）关闭包含布局视口的图层。

（10）打印布局。

综 合 实 例

电气平面图绘制与打印实例——高级应用

【任务描述】

建筑电气安装平面图是指用来描述建筑物内电力设备、照明设施、配电设备等的平面布置，用于施工安装和线路敷设的图样。用 1:100 比例在基础样板图中抄绘某住宅楼一层电气平面图（见图 3-49），并利用电子打印的方式分别将其输出为 dwf 格式的图形。

【操作步骤】

作图基本思路：电气平面图一般是在建筑平面图的基础上绘制出来的，实际工作中可以直接参照和引用已有的建筑平面图。为方便读者理解，本例从绘制简单的建筑平面图开始，首先绘制建筑物的定位轴线，确定建筑平面的大致轮廓，然后绘制墙体、门、窗等，作出建筑物的平面图，其次按位置布置法绘制各种电气符号，并连线形成完整的图形。

步骤一：设置绘图环境（也可以调用已创建好的"建筑样板图"）。

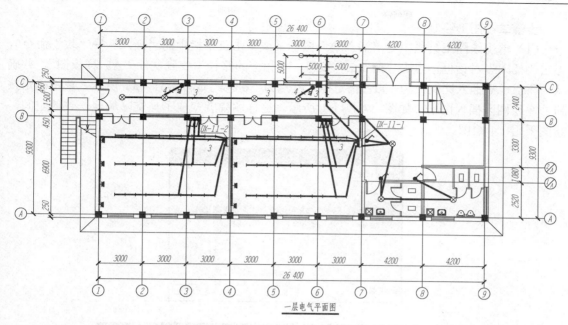

图 3-49　某住宅楼一层电气平面图

（1）绘图单位：mm。

（2）图形界限：50 000mm×35 000mm。

（3）设置图层：可根据需要设置多个图层。本例中除了原有的建筑平面图的图层，还可以增设导线层，选择粗实线，线宽选为 0.5mm；灯层，选择细实线，线宽选为 0.25mm；开关层，选择细实线，线宽选为 0.25mm；插座层，选择细实线，线宽选为 0.25mm；接地线层，选择点画线，线宽选为 0.18mm；图层颜色可以采用多个颜色，方便区分和绘制。

（4）绘制建筑电气平面图常用的图例及电气符号，并制作成图块待用。本例中用到的图例及电气符号有门、窗、柱图例符号，以及普通照明灯、双管荧光灯、暗装插座、暗装单级、三极开关、配电箱参考尺寸（见图 3-50）。在正式绘图之前，应将它们创建成图块，以备调用。图中其他符号，如定位轴线符号、索引符号、详图符号等图块可参考相关绘图标准绘制，此处不再详述。

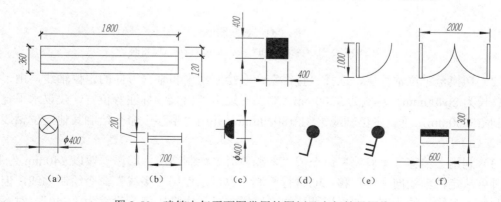

图 3-50　建筑电气平面图常用的图例及电气符号图块

（a）普通照明灯；（b）双管荧光灯；（c）暗装插座；（d）暗装单级；（e）暗装三极开关；（f）配电箱

步骤二： 图形绘制。

（1）单击绘图工具栏中的"插入块"图标（或单击菜单栏中的"插入"→"块"命令），弹出"插入"对话框，点击"浏览..."按钮，在相应的路径下找到文件"A3 样板图"，并确认，将 X、Y 插入比例改为 100，指定插入基点为"0,0"，如图 3-51（a）所示。单击确定按钮，在绘图区插入图框，如图 3-51（b）所示。这样图幅就变成了与实际场地一致的空间，绘图采用 1:1 绘图。

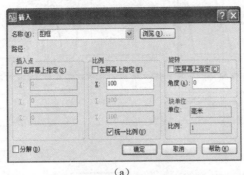

（a）

（b）

图 3-51　绘制图框
（a）插入图框对话框；（b）按放大 100 倍插入的图框

（2）切换至定位轴线层，选择"直线"命令绘制水平和垂直方向的定位轴线，由于平面图的总长为 26400mm，总宽为 9300mm，绘图时还应留出尺寸标注等位置，建议水平定位轴线绘制 35000mm，垂直定位轴线绘制 18000mm；并用"偏移"命令绘制其他定位轴线，如图 3-52（a）所示。

（3）利用"偏移"、"修剪"命令或"多线"命令绘制墙线。墙厚一般以 240mm 为常见，偏移时可从定位轴线向两侧偏移 120 进行绘制，也可以使用"多线"命令绘制墙线，但应注意控制好"多线"的比例；如采用默认的多线样式时，应将比例 S 设置为"240"，对齐方式 J 选择"无（Z）"对齐的方式。绘制效果如图 3-52（b）所示。

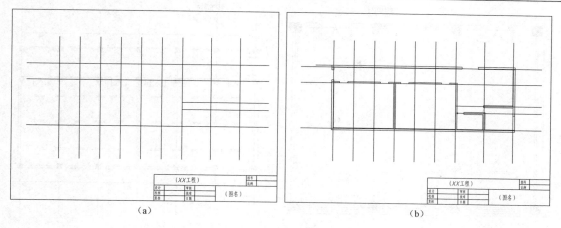

图 3-52 绘制建筑平面图（一）

（a）绘制定位轴线；（b）绘制墙线

（4）调用"插入块"命令，将已经定义为块的"柱"、"门"、"窗"的图例符号插入平面图形，如图 3-53（a）所示。

（5）继续单击"插入块"图标，插入已经定义为块文件的定位轴线编号。并利用"偏移"、"修剪"、"倒角"、"复制"、"延伸"等命令完成平面图中楼梯、台阶、散水等其他结构的绘制，如图 3-53（b）所示。

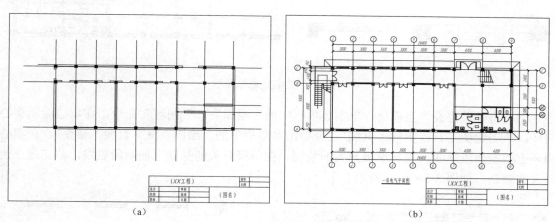

图 3-53 绘制建筑平面图（二）

（a）插入"柱"图块；（b）插入图块并绘制楼梯、散水等

（6）单击图层工具栏中的"图层特性管理器"（或单击菜单栏中的"格式"→"图层"命令），将灯层设为当前层，单击绘图工具栏中的"插入块"（或单击菜单栏中的"插入"→"块"命令），插入已经定义为块文件的双管荧光灯，如图 3-54（a）所示。利用"复制"或"阵列"命令完成其他生成其他双管荧光灯的绘制，如图 3-54（b）所示。

注意：插入的双管荧光灯图形大小在图中不合适时，可以调整插入比例重新插入。

（7）单击绘图工具栏中的半径为 200 的"圆"，并选择"直线"命令，将极轴捕捉角设为"45°"，绘制走廊灯的图形符号，如图 3-55（a）所示。利用"复制"或"阵列"命令生成其他的灯，如图 3-55（b）所示。

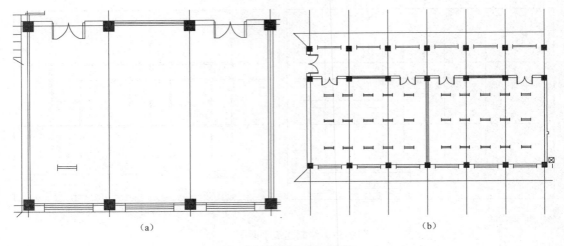

图 3-54   绘制荧光灯图形

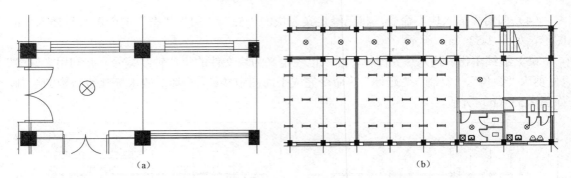

图 3-55   绘制走廊灯图形

（8）将开关层设为当前层。单击菜单栏中的"绘图"→"圆环"命令，在墙边绘制实心圆环。单击绘图工具栏中的"直线"（或单击菜单栏中的"绘图"→"直线"命令），在实心圆环上绘制两段短线，完成单极开关的绘制，在单极开关的基础上加两段短线，即完成三极开关的绘制，如图 3-56（a）所示。

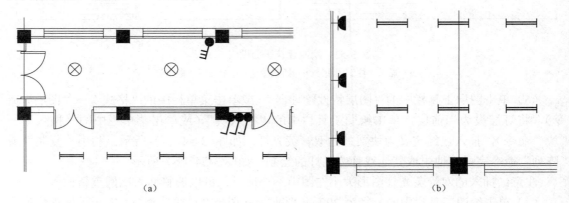

图 3-56   绘制开关和插座

绘制暗装插座：单击绘"圆"及修改工具栏中的"修剪"，将整圆的一半修剪掉。单击绘图工具栏中的"图案填充"，将余下的半圆填充，并绘制直线，完成暗装插座的绘制，如图 3-56（b）所示。

（9）单击绘图工具栏中的"矩形"，绘制配电箱。单击绘图工具栏中的"直线"，绘制配电箱编号引出线。单击菜单栏中的"格式"→"文字样式"命令，在"文字样式"对话框中，将默认的"Standard"文字样式改为"gbeitc"，宽高比为"1"。"单击"绘图"→"文字"→"单行文字"，确定文字的标注起点，给定文字高度为 350（图幅尺寸放大多少倍，就将标准图幅中使用的字高放大多少倍输入），标注配电箱编号，如图 3-57 所示。

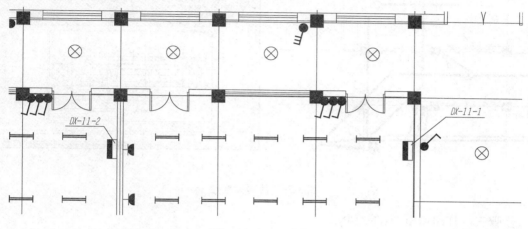

图 3-57　绘制配电箱

（10）将图层切换至"导线层"，单击绘图工具栏中的"直线"，绘制导线（应注意的是：建筑电气平面图上存在建筑平面图和电气图两种图线。为了不混淆两种图线，同时突出电气布置，通常电气图线比建筑图线的宽度大 1～2 个等级，如建筑图部分采用细实线，电气图采用较粗实线。）。

将接地线层设为当前层。单击绘图工具栏中的"多段线"绘制接地线；单击绘图工具栏中的"圆"，在建筑外合适位置绘制圆表示接地圆钢，如图 3-58 所示。

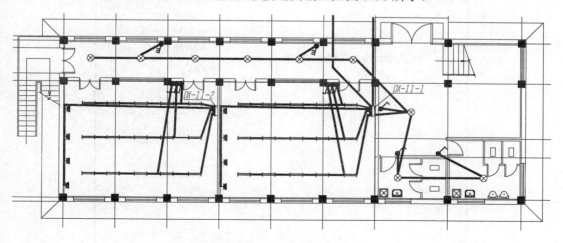

图 3-58　绘制导线和接地线

（11）将"标注"设为当前层。单击工具栏中的"标注"，标注接地线尺寸等，如图 3-59（a）所示。

（12）单击绘图工具栏中的"直线"，在导线和接地线上绘制短线，单击标注单击绘图工具栏中的"单行文字"，标注导线根数。

创建以"hzcf"为样式名的文字样式，字体设置为"仿宋字，字体的宽高比设置为 0.7，并用该字体注写图名、标题栏等，完成全图，如图 3-59（b）所示。

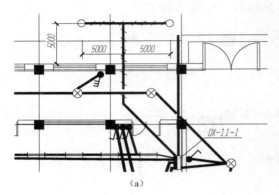 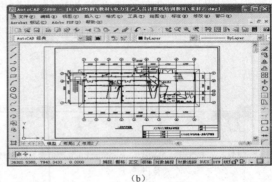

（a）　　　　　　　　　　　　　　　　　　（b）

图 3-59　注写标题栏

步骤三：打印输出 DWF 文档。

DWF 网络图形文件是基于矢量的格式创建的（插入的光栅图像内容除外），可以较好地保证原图形的精确性和完整性，其压缩率高，文件的打开和传输速度快，还可以使用免费的 DWF 文件查看器。用 ePlot 图形输出功能生成的 DWF 格式文件是一种"电子图形文件"，可以将其输出的过程视为是一种图纸的"虚拟打印"，它与实体打印机输出打印的操作方法基本一致，只需将打印机选择为相应的实体打印机即可。

命令行：Plot ↓——或单击"文件"菜单→"打印"，激活打印对话框，如图 3-60 所示。

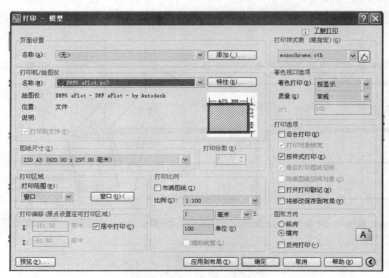

图 3-60　"打印"对话框

　　设置如下：选择"打印机/绘图仪"为"DWF6 eplot.pc3"（将输出 dwf 格式的电子图纸）；选择"图纸尺寸"为"ISO A3 （420×297）"；用"窗口"方式选择指定图形中要打印的部分（选择图框范围）；选择"打印比例"为"1:100"；选择"打印样式表"为"monochromn.ctb"（随颜色的黑白打印样式）；选择"图形方向"为横向；用预览命令确认无误后，点击"确认"按钮，在出现的浏览窗口中选择路径保存文件，则完成打印。"打印"对话框如图 3-61 所示。

　　点击"预览"，其打印预览效果如图 3-61 所示。点击"确定"按钮，即出现打印输出文件的对话框，如图 3-62（a）所示，在给定文件名和输出路径后即完成打印。输出的 DWF 文档可以通过网络浏览器（装有 Autodesk WHIP！插件）和免费的 DWF 文件查看器打开，如图 3-62（b）所示。

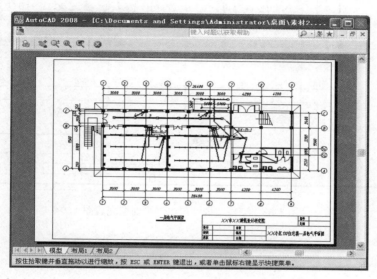

图 3-61　打印预览效果

（a）　　　　　　　　　　　　　　　　　（b）

图 3-62　输出打印

（a）指定输出路径；（b）DWF 文件查看器

　　将图形文件用"显示缩放"（ZOOM）命令全部显示，如图 3-63 所示。

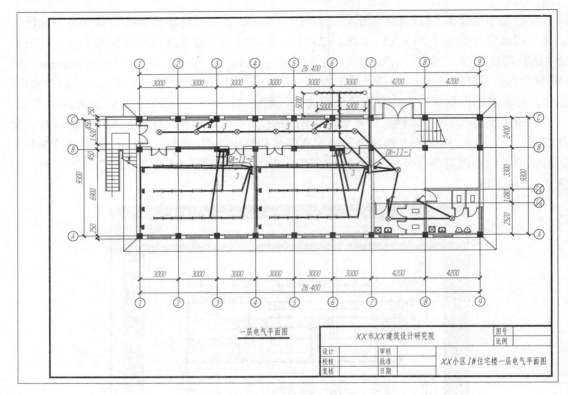

图 3-63　某住宅楼一层电气平面图完成图

小　　结

一、AutoCAD 在电气平面图中的绘图应用和技巧

（1）绘图前的准备工作：应先读懂电气平面图，在掌握基本内容的情况下，进一步分析其表达方法，根据其表达特点以建立样板图的形式，将电气平面图的绘图环境配置好。

（2）解决好计算机绘图中的一些技术问题。

1）在绘制电气平面图中特别应注意处理好三个比例之间的关系，第一个比例是将实物绘制为屏幕图形时的绘图比例，它是屏幕图形的线段长度与实物上的对应长度之比；第二个比例是将屏幕图形输出到图纸上的打印比例，它是图纸上的线段长度与屏幕图形上对应线段之比。第三个比例为图纸比例，它是图纸上标记的绘图比例，也是打印输出的实物图纸中的显示的实际比例；三个比例间的关系：图纸比例=绘图比例×打印比例。

由于屏幕的缩放功能，在屏幕上既可以显示一座城市的交通图，也可以显示直径为 0.1mm 或更小的圆，因此通常先按实物的真实大小 1:1 绘图，以避免按比例计算尺寸的麻烦，出图时再设置适当的打印比例将屏幕上的图形打印到合适的图纸上，如果将打印机中图纸的可打印边界设置为与国家标准规定的图纸边框一致时，图纸比例等于打印比例。

例如，要得到一张绘图比例为 1:100 的工程图，一般可用以下两种方法：

方法一：在屏幕上按实物的真实大小 1:1 绘制图形，并标注尺寸和文字，应注意：文字、图框、标题栏均应按原标准图纸放大 100 倍，尺寸样式中标注特征的全局比例应设置为 100，图案填充比例和线型比例因子也应相应扩大。出图时按标准图纸设置打印比例为 1:100，即屏幕图形上 100mm 长的线段在图纸上打印为 1mm 长；图纸比例为 100。

方法二：在屏幕上先按实物的真实大小 1:1 绘制图形，但不标注尺寸和文字，然后用"比例缩放" SCALE 命令将图形按所需比例缩小 100 倍，此时绘图比例变为 1:100 再将缩放后的图样插入到画好图框和标题栏的样板图中，最后标注文字和尺寸（注意：尺寸样式"主单位"中的"测量比例因子"设置为 100，以保障计算机自动测量出的尺寸为物体的真实尺寸），出图时设置打印比例为 1:1，此时的图纸比例仍为 1:100。用这种方法绘图时，可在同一图纸中设置几种不同比例的图形，处理方法灵活方便。出图时，图中的尺寸数值与线宽不受打印比例的影响。

2）做好图层规划，方便图形信息的管理。电气平面图中除了要建筑平面及其构配件的形状位置外，还要表达各种电气设备、装置、线路的安装位置及敷设方法，为了方便对图形信息的参照、分割、排序以及编辑，不仅可以按其功能来命名图层，比如按建筑平面图、配电箱、灯具、插座、开关、干线、支线等命名图层，以帮助追踪内容，锁定图层使其无法被更改，也可以单独或组合显示、编辑和打印图层；还可以使用图层来组织图形对象进行打印等等。

（3）绘图思路要清楚：

建筑平面绘图依照先主后次、先易后难的思路，先画出建筑物的大致形状及主要的作图基准线，再由整体到局部，逐步绘制完成。

绘制建筑立面图的步骤：以平面图为绘图辅助图，先画出外墙轮廓线和屋顶线等，这些线条构成主要布局线，然后绘制墙面细节特征；绘制建筑剖面图的步骤：以平面图、立面图为绘图辅助图，先画剖切位置处的主要轮廓线，然后形成门窗高度线、墙体厚度线、楼板厚度线及墙面细节等。

（4）CAD 技巧应用：

1）创建和积累常用电气符号图块库，以满足不同幅面图纸的作图要求；门、窗等反复用到的建筑构件以及标高符号、定位轴线及编号等，可事先生成图块，这样可以有效地提高作图效率。

2）在建筑平面图中，墙线的投影是 2 条或 3 条平行线，用"多线" MLINE 命令绘制墙体可提高作图的效率，但对于不同厚度的墙体应建立相应的多线样式。

3）建筑立面图中的门窗通常是按一定的规律排列的，可以大量地用到"阵列" ARRAY 命令和"镜像" MIRROR 命令，结合绘制电气工程图的作图技巧，可以有效提高作图速度。

4）注意图层的合理布局和管理。

二、基本作图步骤

（1）电气照明平面图是绘制在建筑平面图上的，因此绘制电气照明图一般先从建筑平面图开始。绘制建筑平面图时，先画出轴线、墙体及柱的分布情况，然后定出门窗位置并画细部特征；在图层规划时将建筑平面图单独设置一层，线型设置为细实线。

（2）绘制完建筑平面图后，先将预先定义成图块的各种电气设备图块，如配电箱、灯具、插座、开关等插入到平面图中的恰当位置，再用粗实线将各个设备、装置绘制连接成各条照明线路。

（3）最后进行尺寸标注，线路及其设备装置的技术数据、标题栏及其相关说明的注写。

习题与操作练习

一、理论题

（一）单选题

1. 在使用 H 命令创建填充图案时，有关填充边界的叙述错误的是（　　　）。

　　A．孤岛也可以被填充图案　　　　　　　B．可以选择闭合对象作为填充边界

　　C．面域和实体不能被填充图案　　　　　D．填充边界可以闭合或允许有很小空隙

2. 下列有关尺寸标注的描述错误的是（　　　）。

　　A．尺寸数字不可被任何图线穿过，当不可避免时，图线必须断开

　　B．当尺寸界线过于贴近轮廓线时，允许将其倾斜

　　C．当标注一连串小尺寸时，可用小圆点或斜线代替箭头，但最外两端仍使用箭头

　　D．一组同心圆或尺寸较多的台阶孔的尺寸，可以用共同的尺寸线和箭头依次表示，
　　　　而同心圆弧则不可

3. 通过【工具选项板】为封闭区域填充图案时，如果将填充图案自动放置在预先指定的图层上或自动继承某种颜色、线型等特性，需要事先在（　　　）中进行设置。

　　A．【图层特性管理器】对话框　　　　　B．【自定义】对话框

　　C．【工具特性】对话框　　　　　　　　D．【自定义用户界面】对话框

4. 图案填充操作中（　　　）。

　　A．只能单击填充区域中任意一点来确定填充区域

　　B．所有的填充样式都可以调整比例和角度

　　C．图案填充可以和原来轮廓线关联或者不关联

　　D．图案填充只能一次生成，不可以编辑修改

5. 在一个大的封闭区域内存在的一个独立的小区域称为（　　　）。

　　A．孤岛　　　　　B．面域　　　　　　C．选择集　　　　　D．已创建的边界

6. AutoCAD 系统提供的（　　　）命令可以用来查询所选实体的类型、所属图层空间等特性参数。

　　A．"距离" Dist　　　B．"列表" List　　　C．"时间" Time　　　D．"状态" Status

7. 在默认状态下，填充图案"ANSI31"中，线条的角度为（　　　）。

　　A．0°　　　　　　B．180°　　　　　　C．45°　　　　　　D．90°

8. 下列（　　　）不属于基本标注类型的标注。

　　A．对齐标注　　　B．基线标注　　　　C．快速标注　　　D．线性标注

9. 如果要标注倾斜直线的长度，应该选用（　　　）命令。

　　A．"线性" Dimlinear　　　　　　　　　B．"对齐" Dimaligned

　　C．"坐标" Dimordinate　　　　　　　　D．"快速标注" Qdim

10. 在一个线性标注数值前面添加直径符号，则应用（　　　）命令。

　　A．%%C　　　　　B．%%O　　　　　　C．%%D　　　　　　D．%%%

11. 快速引线后不能尾随的注释对象是（　　　）。

　　A．多行文字　　　B．公差　　　　　　C．单行文字　　　　D．复制对象

12.（　　）命令用于测量并标注被测对象之间的夹角。

　　A.“角度”Dimangular　　　　　　　B.“角度”Angular

　　C.“快速标注”Qdim　　　　　　　　D.“半径”Dimradius

13.（　　）命令用于在图形中以第一尺寸线为基准标注图形尺寸。

　　A.“基线”Dimbaseline　　　　　　　B.“连续”Dimcontinue

　　C.“引线”Qleader　　　　　　　　　D.“快速标注”Qdim

14. 快速尺寸标注的命令是（　　）。

　　A.“线性”Qdimline　　　　　　　　B.“快速标注”Qdim

　　C.“引线”Qleader　　　　　　　　　D.“标注”Dim

15. 布局空间（Layout）的设置是（　　）。

　　A. 必须设置为一个模型空间，一个布局

　　B. 一个模型空间，可以多个布局

　　C. 一个布局，可以多个模型空间

　　D. 一个文件中可以有多个模型空间，多个布局

16. 在打印样式表栏中，选择或编辑一种打印样式，可编辑的扩展名为（　　）。

　　A. wmf　　　　　B. plt　　　　　　C. ctb　　　　　　D. dwg

17. 模型空间是（　　）。

　　A. 和图纸空间设置一样　　　　　　B. 和布局设置一样

　　C. 为了建立模型设定的，不能打印　D. 主要为设计建模用，但也可以打印

18. 在保证图纸安全的前提下，和别人进行设计交流的途径是（　　）。

　　A. 不让别人看图.dwg 文件，直接口头交流

　　B. 只看.dwg 文件，不进行标注

　　C. 把图纸文件缩小到别人看不太清楚为止

　　D. 利用电子打印进行.dwf 文件的交流

19. AutoCAD 提供了（　　）种类型打印样式。

　　A. 1　　　　　　B. 2　　　　　　C. 3　　　　　　D. 4

20.（　　）选项不属于图纸方向设置的内容。

　　A. 纵向　　　　　B. 反向　　　　　C. 横向　　　　　D. 逆向

（二）多选题

1. 图案填充的孤岛检测样式有下面（　　）方式。

　　A. 普通　　　　　B. 外部　　　　　C. 忽略　　　　　D. 历史记录

2. 图案填充有（　　）图案的类型供用户选择。

　　A. 预定义　　　　B. 用户定义　　　C. 自定义　　　　D. 历史记录

3. 尺寸标注的编辑有（　　）。

　　A. 倾斜尺寸标注　B. 对齐文本　　　C. 自动编辑　　　D. 标注更新

4. 在“标注样式”对话框的“圆心标记”区中“类型”下拉列表中，所提供选择的选项包括（　　）选项。

　　A. 标记　　　　　B. 无　　　　　　C. 圆弧　　　　　D. 直线

5. 绘制一个线性尺寸标注，必须（　　）。

    A．确定尺寸线的位置   B．确定第二条尺寸界线的原点

    C．确定第一条尺寸界限的原点   D．确定箭头的方向

6．AutoCAD 系统中包括的尺寸标注类型有（   ）。

    A．Angular（角度）   B．Diametre（直径）

    C．Linear（线性）   D．Radius（半径）

7．设置尺寸标注样式有（   ）等几种方法。

    A．选择格式→标注样式选项

    B．在命令行中输入 Ddim 命令后按下【Enter】键

    C．单击"标注"工具栏上的"标注样式"图标按钮

    D．在命令行中输入 Style 命令后按下【Enter】键

8．电子打印，可以（   ）。

    A．无需真实的打印机   B．无需打印驱动程序

    C．无需纸张等传统打印介质   D．具有很好的保密性

9．使用 AutoCAD 的打印功能，可以将矢量图形输出为_____格式的光栅图像。

    A．GIF   B．BMP   C．TGA   D．TIFF

10．关于 AutoCAD 的打印图形，下面说法正确的是（   ）。

    A．可以打印图形的一部分

    B．可以根据不同的要求用不同的比例打印图形

    C．可以先输出一个打印文件，把文件放到别的计算机上打印

    D．没有安装 AutoCAD 软件的计算机不能打印图形

二、操作题

1．采用 A4 竖放图幅抄绘图 3-64 所示的电气图，并输出打印为 dwf 文档。

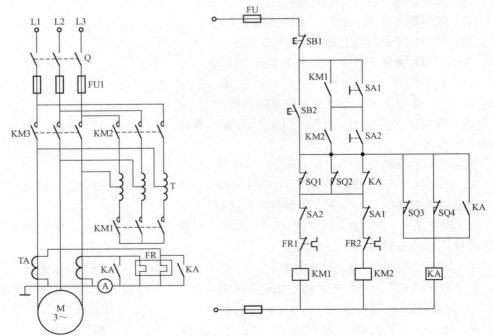

图 3-64 操作题 1 图

2．抄绘图 3-65 所示的工程图，并利用电子打印的方式分别将其输出为 jpg、dwf、pdf 格式的图形，比较这些图的不同特点。

3．完成图 3-65 中阴影部分的面积和周长。

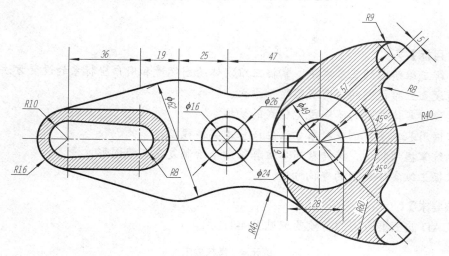

图 3-65　操作题 2 图

AutoCAD 的三维应用

【学习目标】

☞ 了解三维绘图的基本术语，掌握三维实体绘图环境和用户坐标系的设置方法。
☞ 能设立三维视图的不同观察显示方式。
☞ 能进行实体造型的不同视觉样式的切换。
☞ 掌握用基本实体创建对象方法生成基本实体模型。
☞ 熟练掌握用拉伸、旋转及布尔运算等命令绘制复杂三维图形。
☞ 掌握三维实体造型的查询方法。

【考核要求】

AutoCAD 的三维应用的考核要求见表 4-1。

表 4-1   单元 4   考核要求

序　号	项目名称	质　量　要　求	满分	扣　分　标　准
TYBZ00706013	绘制三维图形	了解三维图形绘制、编辑的基本知识，能利用 AutoCAD 创建基本三维模型	3	未按要求完成三维模型创建扣 3 分；错误一处扣 1 分，扣完为止
TYBZ00706014	编辑三维图形	在 AutoCAD 中，可以使用三维编辑命令，在三维空间中移动、复制、镜像、对齐以及阵列三维对象，剖切实体以获取实体的截面，编辑它们的面、边或体	2	未按要求完成三维模型编辑扣 2 分；错误一处扣 1 分，扣完为止

目前，三维图形的绘制广泛应用在工程设计和绘图过程中。使用 AutoCAD 可以通过线框模型、曲面模型和实体模型三种方式来创建三维图形。线框模型是一种轮廓模型，它由三维的直线和曲线组成，没有面和体的特征。曲面模型用面描述三维对象，它不仅定义了三维对象的边界，而且还定义了表面，即具有面的特征。实体模型不仅具有线和面的特征，而且还具有体的特征，各实体对象间可以进行各种布尔运算操作，从而创建复杂的三维实体图形。本书仅介绍三维实体模型的基本操作。

在 AutoCAD 中，可以按尺寸精确绘制三维实体，可以用多种方法进行三维建模，并可方便地编辑和动态地观察三维实体。下面将按照绘制工程形体的思路，循序渐进地介绍绘制工程三维实体的方法和技巧。

模块 1 　三维建模工作界面（TYBZ00706013）

在 AutoCAD 2008 中绘制三维实体，应首先进入三维建模工作空间，熟悉三维建模工作界面中面板的功能，并应按需要进行界面设置。

一、进入三维建模工作空间

要从二维绘图工作空间转换到三维建模工作空间，应在 AutoCAD 2008 工作界面左上角

"工作空间"工具栏的窗口中选择"三维建模"选项，如图 4-1 所示。

选择"三维建模"项后，AutoCAD 2008 将显示由二维工作界面转换的三维建模初始工作界面（栅格是打开状态），如图 4-2 所示。

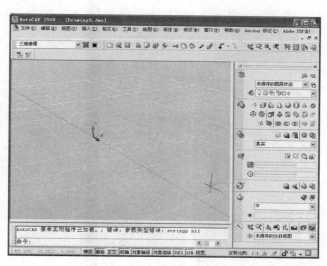

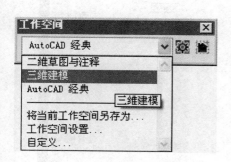

图 4-1 "工作空间"工具栏

图 4-2 三维建模初始工作界面

二、三维工作界面中的面板

三维建模工作界面将隐藏三维建模不需要的界面项，仅显示与三维相关的工具栏、菜单、面板和选项板，从而最大化屏幕空间。

AutoCAD 2008 三维工作界面中的面板是浮动的，并具有自动隐藏功能。要使面板从固定状态变为浮动状态，可将光标移动到面板上部的移动控制柄（凸起条）处，按下鼠标左键即可将面板拖动到绘图区域的内部。

AutoCAD 2008 三维工作界面中的面板，默认状态布置在工作界面右侧的上部（见图 4-2），其由下面七个控制台组成。

1. "三维制作"控制台

单击图 4-3 所示面板上"三维制作"控制台按钮（或单击按钮下方的图标），AutoCAD 2008 将会展开显示"三维制作"控制台，并在面板的下部自动显示"三维制作"工具选项板（其中包括常用的建模和编辑命令）。AutoCAD 2008 中的"三维制作"控制台和"三维制作"工具选项板中的各命令用来绘制三维实体。

2. "视觉样式"控制台

单击图 4-4 所示面板上"视觉样式"控制台按钮（或单击按钮下方的图标），AutoCAD 2008 将会展开显示"视觉样式"控制台，并在面板的下部自动显示"视觉样式"工具选项板。AutoCAD 2008 中的"视觉样式"控制台和"视觉样式"工具选项板中的各命令主要用来设置显示三维实体的视觉样式、三维实体面的显示方式和三维实体边的显示方式。

3. "三维导航"控制台

单击面板上"三维导航"控制台按钮（或单击按钮下方的图标），AutoCAD 2008 将会展开显示"三维导航"控制台，并在面板的下部自动显示"相机"工具选项板。AutoCAD 2008

中的"三维导航"控制台和"相机"工具选项板中的各命令主要用来设置显示三维实体的视图环境和观察（即浏览）三维实体的方式。

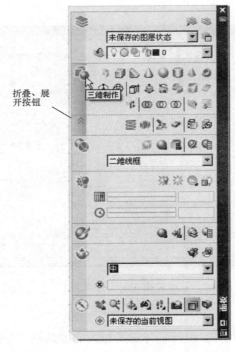

图 4-3　"三维制作"区的面板　　　　　　图 4-4　"视觉样式"区的面板

4.　"光源"、"材质"、"渲染"控制台

与上类同，依次单击面板上的"光源"控制台按钮、"材质"控制台按钮、"渲染"控制台按钮，AutoCAD 2008 都将会展开显示该控制台，并在面板的下部自动显示关联的工具选项板。这些控制台和关联工具选项板中的各命令用来改变和强化三维实体的显示效果。关于光源、材质、渲染的操作方法请参阅有关资料，本书不再详述。

5.　"图层"控制台

"图层"控制台中主要显示的是"图层"工具栏中的内容，单击"图层"控制台按钮，AutoCAD 2008 会展开显示该控制台，面板下部的工具选项板中显示的内容不随之变化。

三、设置三维建模工作界面

从二维工作界面转换到三维工作界面后，应先进行如下设置。

1.　显示三维视图

如图 4-5 所示，从面板"三维导航"控制台的下拉列表中选择"西南等轴测"项；或从下拉菜单输入命令"视图"→"三维视图"→"西南等轴测"。输入命令后，AutoCAD 2008 的绘图区中将显示西南等轴测方向的三维视图界面。

2.　设置视觉样式

显示三维视图后，若需要显示三维真实视觉，应如图 4-6 所示，从面板"视觉样式"控制台的下拉列表中选择"真实"（或"概念"）项；或从下拉菜单输入命令"视图"→视觉样式"真实"（或"概念"）。

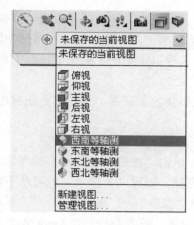

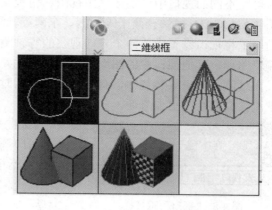

图 4-5　在面板中设置三维视图　　　　　　　　图 4-6　在面板中选择视觉样式

　　输入命令后，AutoCAD 2008 的绘图区中将显示具有地平面以及矩形栅格（栅格是打开状态，并且"草图设置"对话框"捕捉和栅格"选项卡中"显示超出界限的栅格"开关是关闭状态）的三维真实视觉界面，如图 4-7 所示。

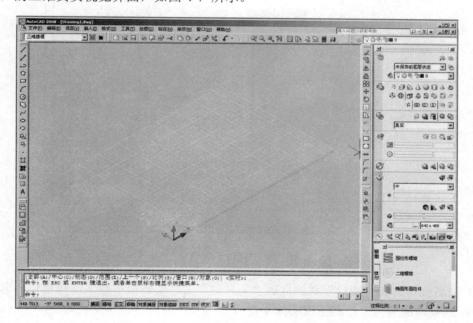

图 4-7　显示三维真实视觉的三维建模工作界面

3．布置自己的三维工作界面

　　根据需要和习惯，可在 AutoCAD "三维建模"工作界面的基础上，弹出一些常用或习惯使用的工具栏，如"对象捕捉"、"特性"、"视口"、"查询"、"绘图"、"修改"等，将它们分别放在绘图区外，并用"工作空间"工具栏下拉列表中"将当前工作空间另存为"项保存它，以便随时调用。

四、创建多视口

　　多视口是把屏幕划分成若干矩形框，用这些视口可以分别显示同一形体的不同视图。多视口可在不同的视口中分别建立主视图、俯视图、左视图、右视图、仰视图、后视图和等轴测图（AutoCAD 提供有西南等轴测、东南等轴测、东北等轴测、西北等轴测 4 种等轴测图，分别用于将视口设置成从四个方向观察的等轴测图）。 在多视口中无论在哪一个视口中绘制和编辑图形，其他视口中的图形都将随之变化。

在绘制工程三维实体中，有时在屏幕上同时显示工程形体的主视图、俯视图、左视图和等轴测图会使绘图更加方便。

图 4-8 "视口"工具栏

创建多视口的具体操作步骤如下：

（1）输入命令。单击"视口"工具栏上的"显示视口对话框"命令图标，如图 4-8 所示。也可从下拉菜单选取"视图"→"视口"→"新建视口…"，或从键盘键入 VPORTS 命令，输入命令后，AutoCAD 弹出显示"新建视口"选项卡的"视口"对话框，如图 4-9 所示。

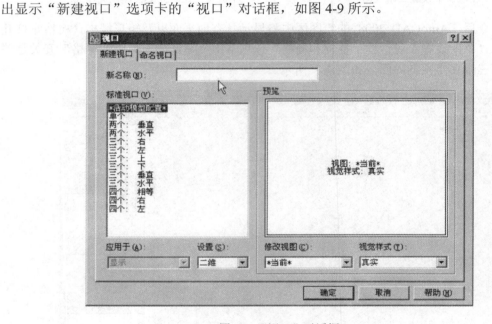

图 4-9 "视口"对话框

（2）命名视口。在"视口"对话框的"新名称"文字编辑框中输入新建视口的名称。图 4-10 所示的视口命名为"绘制工程实体 4 视口"。

（3）选择视口类型。在"标准视口"列表框中选择一项所需的视口类型，选中后，该视口的形式将显示在右边的"预览"框中。图 4-10 所示是选择了绘制工程三维实体常用的 4 个相等视口。

（4）设置各视口的视图类型和视觉样式。

首先在"设置"下拉列表中选择"三维"选项，在预览框中会看到每个视口已由 AutoCAD 自动分配给一种视图，应用下列方法修改默认设置：

将光标移至需要重新设置视图的视口中，单击鼠标左键将该视口设置为当前视口（黑色边框显亮），然后从"视口"对话框下部"修改视图"下拉列表和"视觉样式"下拉列表中各选择一项，该视口将被设置成所选择的视图和视觉样式，同理可设置其他各视口。

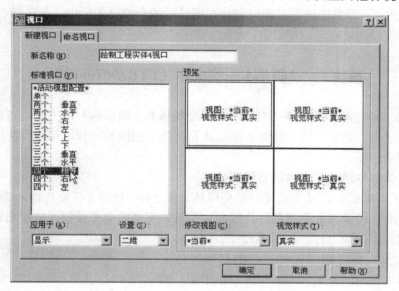

图 4-10 命名和选择视口类型示例

图 4-11 所示是将 4 个视口设置为"主视"、"左视"、"俯视"、"西南等轴测"。三视图的视口位置按工程制图常规布置，并都设为"二维线框"视觉样式，"西南等轴测"视口布置在右下角并设为所需的视觉样式（一般是先设为"二维线框"），这是绘制工程三维实体常用的多视口设置。

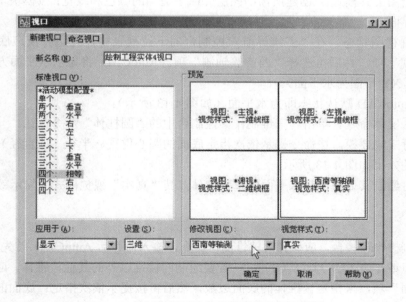

图 4-11 绘制工程三维实体常用的多视口设置

（5）完成创建。修改完成后，单击"视口"对话框中的确定按钮，退出"视口"对话框，完成多视口的创建。所创建的视口将保存在该图形文件的"命名视口"中。

说明："视口"对话框中的"应用于"下拉列表框中有"显示"与"当前"两个选项。若选择"显示"选项，即将所选的多视口创建在所显示的全部绘图区中；若选择"当前"选项，即将所选的多视口创建在当前视口中。

模块 2　绘制基本三维实体（TYBZ00706013）

AutoCAD 2008 提供了多种三维建模（即绘制基本三维实体）的方法，可根据绘图的已知条件，选择适当的建模方式。绘制三维实体和二维平面图形一样，可综合应用按尺寸绘图的各种方式精确绘图。

一、用实体命令绘制基本体的三维实体

AutoCAD 2008 提供的基本实体包括多段体、长方体、楔体（三棱柱体）、圆锥体、球体、圆柱体、棱锥面（棱锥体）和圆环体。绘制这些基本实体的命令按钮，依次布置在面板"三维制作"控制台中的最上行，如图 4-12 所示。

在 AutoCAD 中可绘制各种方位的基本三维实体。工程形体中常用的是底面为正平面、水平面、侧平面的基本体。

图 4-12　面板上绘制基本实体的命令按钮

1. 绘制底面为水平面的基本体

以绘制底面为水平面的圆柱为例。具体操作步骤如下：

（1）新建一张图。用"新建"命令新建一张图。

（2）设置三维绘图环境。用"选项"对话框修改常用的几项系统配置；在状态栏中设置所需的辅助绘图工具模式；创建所需的图层并赋予适当的颜色和线宽；按模块 1 所述设置三维建模工作界面。

（3）设置视图状态。在"三维导航"控制台的下拉列表中，先选择反应底面实形的视图——"俯视"项，然后再选择"西南等轴测"项。AutoCAD 将显示水平面方位的工作平面（UCS 的 XY 平面为水平面）。

说明：AutoCAD 默认状态即为水平面（如图 4-13 所示）。

（4）输入实体命令。单击"三维制作"控制台中的"圆柱体"命令按钮。

（5）进行三维建模。按命令提示依次指定底面的圆心位置、半径（或直径）、圆柱高度，其三维建模的效果如图 4-13 所示。

同理，可绘制其他底面为水平面的基本实体，其"真实"视觉样式的显示效果如图 4-14 所示。

说明：

（1）绘制棱锥和棱台，应操作"棱锥面"命令，输入命令后 AutoCAD 首先提示："指定底面的中心点或［边（E）/侧面（S）］："，若要绘制四棱锥以外的其他棱锥体，应在该提示行中选择"侧面"项，来指定棱锥体的底面边数，然后再按提示依次指定：底面的中心点、底面的半径、棱锥的高度（选"顶面半径"项可绘制棱台）。若在提示行中选择"边"选项，可指定底面边长绘制底面。

（2）绘制多段体，应操作"多段体"命令，输入命令后 AutoCAD 首先提示："指定起点或［对象（O）/高度（H）/宽度（W）/对正（J）］　<对象>："，应在该提示行中选择"高度"和"宽度"选项，来指定所要绘制多段体的高度和厚度，然后再按提示依次指定：起点、下一个点（也可选项画圆弧）、下一个点……直至确定结束命令。

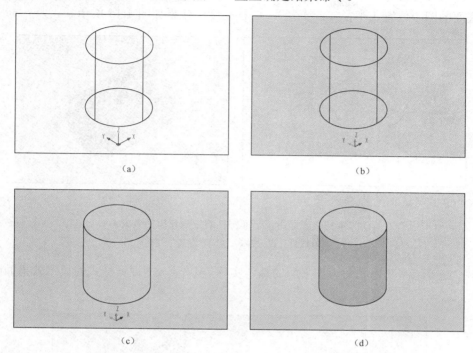

（a）　　　　　　　　　　　　　　　　　（b）

（c）　　　　　　　　　　　　　　　　　（d）

图 4-13　底面为水平面圆柱的三维建模的效果

（a）"二维线框"视觉样式；（b）"三维线框"视觉样式；（c）"三维隐藏"视觉样式；（d）"概念"视觉样式

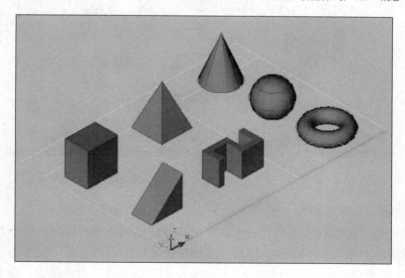

图 4-14　底面为水平面基本实体的"真实"视觉样式的显示效果

2. 绘制底面为正平面的基本体

在"三维导航"控制台的下拉列表中，先选择反映底面实形的视图——"主视"项，然后再选择"西南等轴测"项。AutoCAD 将显示正平面方位的工作平面（UCS 的 XY 平面为正平面）。 输入实体命令，单击"三维制作"控制台中的"圆柱体"命令按钮，命令提示依次指定：底面的圆心位置、半径（或直径）、圆柱高度，效果如图 4-15 所示。

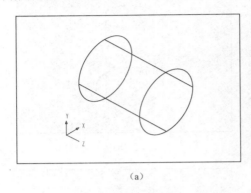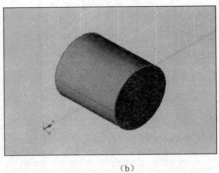

（a）　　　　　　　　　　　　　　（b）

图 4-15　底面为正平面圆柱的三维建模的效果

（a）"二维线框"视觉样式；（b）"真实"视觉样式

同理，在可绘制其他底面为正平面的基本实体，其"真实"视觉样式的显示效果如图 4-16 所示。

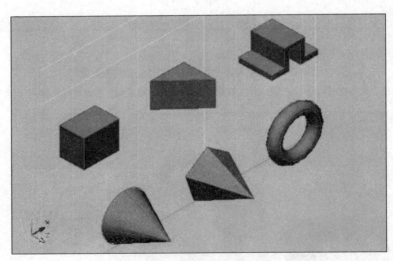

图 4-16　底面为正平面基本实体的"真实"视觉样式的显示效果

3. 绘制底面为侧平面的基本体

在"三维导航"控制台的下拉列表中，先选择反映底面实形的视图——"左视"项，然后再选择"西南等轴测"项。AutoCAD 将显示侧平面方位的工作平面（UCS 的 XY 平面为侧平面）。输入实体命令，单击"三维制作"控制台中的"圆柱体"命令按钮，命令提示依次指定：底面的圆心位置、半径（或直径）、圆柱高度，效果如图 4-17 所示。

同理，在可绘制其他底面为侧平面的基本实体，其"真实"视觉样式的显示效果如图 4-18 所示。

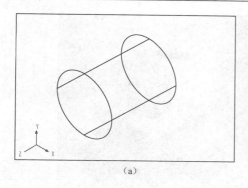
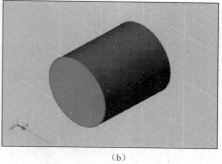

（a）　　　　　　　　　　　　　　　（b）

图 4-17　底面为侧平面圆柱的三维建模的效果

（a）"二维线框"视觉样式；（b）"真实"视觉样式

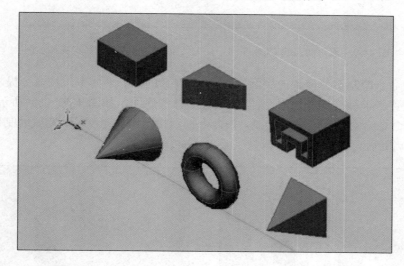

图 4-18　底面为侧平面基本实体的"真实"视觉样式的显示效果

4. 应用动态的 UCS 在同一视图环境中绘制多种方位的基本体

UCS 即为用户坐标系。前面是用手动更改 UCS 的方式（如变换 UCS 的 XY 平面方向）绘制不同方位的基本实体。在 AutoCAD 2008 中激活动态的 UCS，可以不改变视图环境，直接绘制底面与选定平面（三维实体上的某平面）平行的基本实体，而无需手动更改 UCS，如图 4-19 所示。动态的 UCS 是 AutoCAD 的新功能，非常实用。

以绘制图 4-19 中三棱柱斜面上的圆柱为例（圆柱底面与三棱柱斜面平行）。已知条件如图 4-20（a）所示。

具体操作步骤如下：

（1）激活动态的 UCS。单击状态栏上的按钮，使其下凹。

（2）输入实体命令。单击面板中"圆柱体"命令按钮。

（3）选择与底面平行的平面。将光标移动到要选择的三棱柱实体斜面的上方（注意：不需要按下鼠标），动态 UCS 将会自动地临时将 UCS 的 XY 平面与该面对齐，如图 4-20（b）所示。

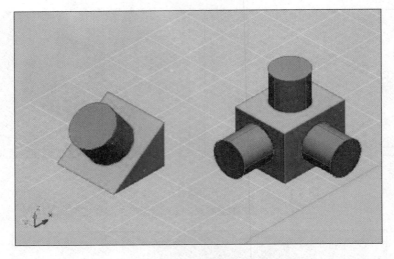

图 4-19　应用动态的 UCS 在同一视图环境中绘制多方位基本实体示例

（4）操作命令绘制实体模型的底面。在临时 UCS 的 XY 平面中，按命令提示依次指定：底面的圆心位置、半径（或直径），绘制出圆柱实体的底面，如图 4-20（c）所示。

（5）操作命令给实体高度完成绘制。按命令提示指定圆柱高度，确定后绘制出圆柱实体，如图 4-20（d）所示。

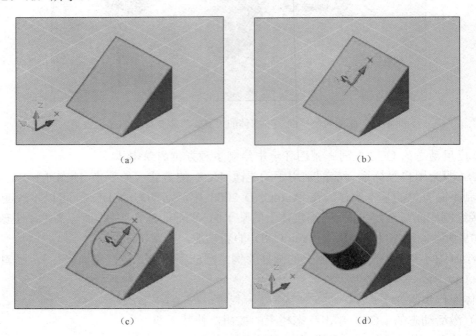

图 4-20　应用动态的 UCS 绘制选定方位基本实体的示例
（a）已知条件；（b）选择与底面平行的平面；（c）绘制圆柱底面；（d）完成圆柱绘制

二、用拉伸方法绘制基本的三维实体

拉伸方法常用来绘制各类柱体和台体的三维实体。在 AutoCAD 中可根据需要绘制工程体中常见的各种方位的直柱体和台体（侧棱与底面垂直的柱体称为直柱体）。

用拉伸的方法绘制三维实体，就是将二维对象（如面域、多段线、多边形、矩形、圆、椭圆、闭合的样条曲线）拉伸成三维对象。进行三维建模的二维对象，必须是单一的闭合线段。如果是多个线段，则需要先用 PEDIT（编辑多段线）、Boundary（边界）命令将它们转换为封闭的多段线，然后才能拉伸。

1. 绘制底面为水平面的直柱体和台体

绘制底面为水平面的直柱体和台体的操作步骤如下：

（1）新建一张图。用"新建"命令新建一张图。

（2）设置三维绘图环境。同上设置三维绘图环境。

（3）设"俯视"为当前绘图状态。从面板"三维导航"控制台的下拉列表中选择"俯视"项，AutoCAD 2008 三维绘图区将切换为俯视图状态。

（4）绘制底面实形。用相关的绘图命令绘制二维对象——下（或上）底面实形，如图 4-21 所示；用 PEDIT（编辑多段线）或 Boundary（边界）、Region（面域）命令将它们转换成一个整体。

（5）设水平面"西南等轴测"为当前绘图状态。从面板"三维导航"控制台的下拉列表中选择"西南等轴测"项，AutoCAD 2008 三维绘图区将切换为水平面等轴测图状态。

（6）输入拉伸命令。单击面板"三维制作"控制台第 2 行中"拉伸"命令按钮。

（7）创建直柱体或台体实体。

创建直柱体——按"拉伸"命令的提示依次：选择对象，指定拉伸高度。

创建台体——按"拉伸"命令的提示依次：选择对象，选"倾斜角"项，指定拉伸的倾斜角度（如 10 度）、指定拉伸高度。其效果如图 4-22 所示。

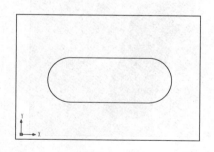

图 4-21　在"俯视"状态中绘制底面实形

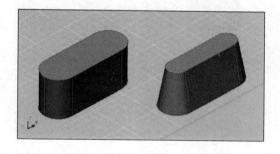

图 4-22　创建底面为水平面的直柱体或台体

2. 绘制底面为正平面的直柱体和台体

绘制底面为正平面的直柱体和台体的操作步骤如下：

（1）新建一张图。用"新建"命令新建一张图。

（2）设置三维绘图环境。同上设置三维绘图环境。

（3）设"主视"为当前绘图状态。从面板"三维导航控制台"区的下拉列表中选择"主视"项，AutoCAD 2008 三维绘图区将切换为主视图状态。

（4）绘制底面实形。用相应的绘图命令绘制二维对象——后（或前）底面实形，如图 4-23 所示；用编辑多段线、面域或边界命令将它们转换成一个整体。

（5）设正平面"西南等轴测"为当前绘图状态。从面板"三维导航"控制台的下拉列表中选择"西南等轴测"项，AutoCAD 2008 三维绘图区将切换为正平面等轴测图状态。

（6）输入拉伸命令。单击面板"三维制作"控制台第 2 行中"拉伸"命令按钮。

（7）创建直柱体或台体实体。

创建直柱体——按"拉伸"命令的提示依次：选择对象，指定拉伸高度。

创建台体——按"拉伸"命令的提示依次：选择对象，选"倾斜角"项指定拉伸的倾斜角度（如 10 度），指定拉伸高度。其效果如图 4-24 所示。

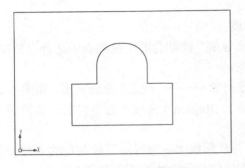

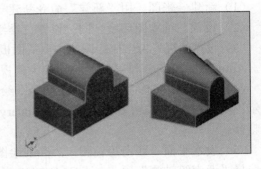

图 4-23　在"主视"状态中绘制底面实形　　　　图 4-24　创建底面为正平面的直柱体或台体

说明：

（1）若选择"拉伸"命令，提示行"指定拉伸的高度或［方向（D）/路径（P）/倾斜角（T）］<30.0000>："中的"方向"项，可绘制斜柱体，效果如图 4-25 所示。

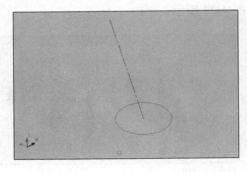

图 4-25　"拉伸"命令中指定方向拉伸形成斜柱体

（2）若选择"拉伸"命令，提示行"指定拉伸的高度或［方向（D）/路径（P）/倾斜角（T）］<30.0000>："中的"路径"项，可指定拉伸路径绘制特殊柱体，效果如图 4-26 所示。

3. 绘制底面为侧平面的直柱体和台体

绘制底面为侧平面的直柱体和台体的操作步骤如下：

（1）新建一张图。用"新建"命令新建一张图。

（2）设置三维绘图环境。同上设置三维绘图环境。

（3）设"左视"为当前绘图状态。从面板"三维导航"控制台的下拉列表中选择"左视"项，AutoCAD 2008 三维绘图区将切换为左视图状态。

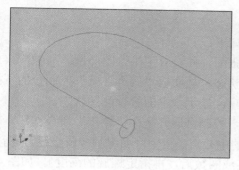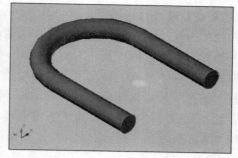

图 4-26　"拉伸"命令中指定路径拉伸形成特殊柱体

（4）绘制底面实形。用相应的绘图命令绘制二维对象——右（或左）底面实形，如图 4-27 所示；用编辑多段线、面域或边界命令将它们转换成一个整体。

（5）设侧平面"西南等轴测"为当前绘图状态。从面板"三维导航"控制台的下拉列表中选择"西南等轴测"项，AutoCAD 2008 三维绘图区将切换为侧平面等轴测图状态。

（6）输入拉伸命令。单击面板"三维制作"控制台第 2 行中"拉伸"命令按钮。

（7）创建直柱体或台体实体。

创建直柱体——按"拉伸"命令的提示依次：选择对象，指定拉伸高度。

创建台体——按"拉伸"命令的提示依次：选择对象，选"倾斜角"项，指定拉伸的倾斜角度（如 10 度），指定拉伸高度。其效果如图 4-28 所示。

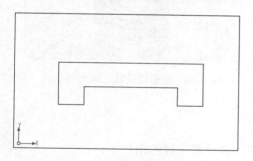

图 4-27　在"左视"状态中绘制底面实形　　　图 4-28　创建底面为侧平面的直柱体或台体

说明：

（1）若选择"拉伸"命令，提示行"指定拉伸的高度或［方向（D）/路径（P）/倾斜角（T）］<30.0000>:"中的"方向"项，可绘制斜柱体。

（2）若选择"拉伸"命令，提示行"指定拉伸的高度或［方向（D）/路径（P）/倾斜角（T）］<30.0000>:"中的"路径"项，可指定拉伸路径绘制特殊柱体。

三、用扫掠的方法绘制特殊的三维实体

用扫掠的方法绘制实体，就是将二维对象（如多段线、圆、椭圆和样条曲线等）沿指定路径拉伸，形成三维对象。扫掠实体的二维截面必须闭合，并且应是一个整体。扫掠实体的路径可以不闭合，但也应是一个整体。

用扫掠的方法生成的实体，扫掠截面与扫掠路径垂直。

1. 绘制螺旋状实体

用扫掠的方法绘制螺旋状实体的操作步骤如下：

（1）新建一张图。用"新建"命令新建一张图，并设置三维绘图环境。

（2）设水平面"西南等轴测"为当前绘图状态。从面板"三维导航"控制台的下拉列表中先选择"俯视"项，再选择"西南等轴测"项，显示水平面等轴测图状态。

（3）绘制扫掠路径。单击面板"三维制作"控制台展开区中"螺旋"命令按钮，输入命令后，按"螺旋"命令的提示依次：指定底面的中心点，指定底面半径（或直径），指定顶面半径（或直径），指定螺旋的高度（或选择圈高或圈数后，再指定螺旋的高度），如图 4-29 中的螺旋线。

（4）绘制扫掠截面。用"圆"命令绘制二维对象——螺旋状实体的截面圆，如图 4-29 中的小圆。

（5）输入"扫掠"命令。单击面板"三维制作"控制台第 2 行中"扫掠"命令按钮。

（6）创建螺旋状实体。按"扫掠"命令的提示依次：选择要扫掠的对象（截面），单击鼠标右键结束扫掠对象的选择，选择扫掠路径（螺旋线）。其效果如图 4-30 所示。

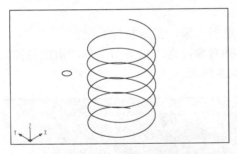

图 4-29　绘制扫掠路径和截面

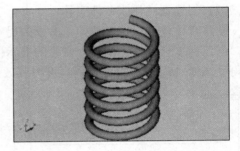

图 4-30　创建螺旋状三维实体示例

2. 绘制其他特殊实体

用扫掠的方法绘制特殊柱体的操作步骤如下：

（1）新建一张图。用"新建"命令新建一张图，并设置三维绘图环境。

（2）选择所需的视图或等轴测为当前绘图状态。本例设水平面等轴测图状态为当前绘图状态。

（3）绘制扫掠路径。用相应的绘图命令绘制二维对象——扫掠路径，如图 4-31 中的曲线。

（4）绘制扫掠截面。用相应的绘图命令绘制二维对象——扫掠截面，如图 4-31 中的平面。

（5）输入"扫掠"命令。单击面板"三维制作"控制台第 2 行中"扫掠"命令按钮。

（6）创建特殊柱实体。按"扫掠"命令的提示依次：选择要扫掠的对象，单击鼠标右键结束扫掠对象的选择，选择扫掠路径。其效果如图 4-32 所示。

四、用放样的方法绘制沿横截面生成的特殊三维实体

用放样的方法绘制实体，就是将二维对象（如多段线、圆、椭圆和样条曲线等）沿指定的若干横截面（也可仅指定两端面），形成三维对象。放样实体的二维横截面必须闭合，并应各为一个整体。

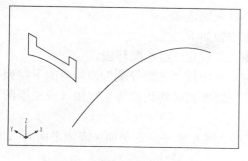

图 4-31　绘制扫掠路径和截面

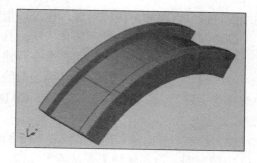

图 4-32　创建特殊柱体

以绘制各断面渐变的挂环三维实体为例。具体操作步骤如下：

（1）新建一张图。用"新建"命令新建一张图，并设置三维绘图环境。

（2）从面板"三维导航"控制台的下拉列表中选择"俯视"项。在俯视状态绘制"U"形多段线。

（3）从面板"三维导航"控制台的下拉列表中选择"主视"项。绘制各断面的实形，并用"移动"命令移动到合适位置，如图 4-33 所示。

（4）从面板"三维导航"控制台的下拉列表中选择"西南等轴测"项，输入放样命令。单击面板"三维制作"控制台第 2 行中"放样"命令按钮。

（5）按"放样"命令的提示依次：选择要放样的起始横截面，按放样次序选择横截面，单击鼠标右键结束选择，命令提示行"输入选项［导向（G）/路径（P）/仅横截面（C）］<仅横截面>："中的"路径"项，可指定"U"形多段线为路径，按回车键确定，即完成变截面特殊实体，效果如图 4-33 所示。

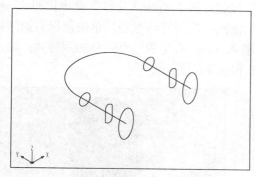

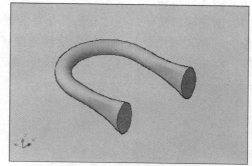

图 4-33　用放样的方法绘制三维实体的效果

说明：若选择"放样"命令提示行"输入选项［导向（G）/路径（P）/仅横截面（C）］<仅横截面>："中的"路径"项，可指定曲线路径绘制变截面特殊实体。

五、用旋转的方法绘制回转体的三维实体

用旋转的方法可绘制各种方位的回转类形体的三维实体。用旋转的方法绘制三维实体，就是将二维对象（如多段线、圆、椭圆、样条曲线等）绕指定的轴线旋转形成三维对象。旋转三维实体的二维对象必须是闭合的一个整体。如果用直线或圆弧命令绘制旋转用的二维对象，则需要先用编辑多段线、边界或面域命令将它们转换为封闭的整体，然后再旋转。旋转

的轴线可以是直线和多段线对象，也可以指定两个点来确定。

以绘制轴线为铅垂线的回转体为例。具体操作步骤如下：

（1）新建一张图。用"新建"命令新建一张图，并设置三维绘图环境。

（2）设"主视"（或"左视"）为当前绘图状态。从面板"三维导航"控制台的下拉列表中选择"主视"（或"左视"）项，AutoCAD 2008 三维绘图区将切换为主视图（或左视图）状态。

（3）绘制旋转对象。用"多段线"命令绘制旋转二维对象——正平面（或侧平面），如图4-34 中的平面，将其转换为面域或多段线。

（4）绘制旋转轴线。用"直线"命令绘制旋转轴线——铅垂线，如图4-34 中的直线。

（5）设"西南等轴测"为当前绘图状态。从面板"三维导航控制台"区的下拉列表中选择"西南等轴测"项，显示等轴测图状态，如图4-35 所示。

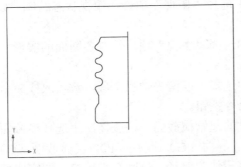

图 4-34　在"主视"中绘制旋转对象和轴线

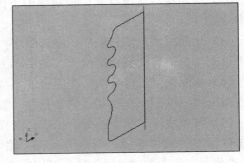

图 4-35　西南等轴测图状态

（6）输入旋转命令。单击面板"三维制作"控制台第 2 行中"旋转"命令按钮。

（7）创建回转实体。按"旋转"命令的提示依次：选择旋转对象，单击鼠标右键结束旋转对象的选择，指定旋转轴，输入旋转角度（输入 360，将生成一个完整的回转体；输入其他角度，将生成部分回转体）。其效果如图4-36 和图4-37 所示。

图 4-36　创建铅垂轴回转体（360°）

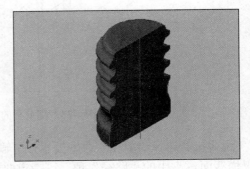

图 4-37　创建铅垂轴回转体（180°）

说明：创建回转实体后，可将旋转轴线擦除。

同理，可绘制轴线为正垂线与轴线为侧垂线的回转体。绘制轴线为正垂线的回转体，应在"左视"（或"俯视"）状态中绘制旋转的二维对象和旋转轴线；绘制轴线为侧垂线的回转体，应在"俯视"（或"主视"）状态中绘制旋转的二维对象和旋转轴线。其效果如图4-38 和

图 4-39 所示。

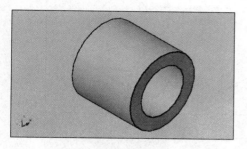

图 4-38　创建正垂轴回转体示例（360°）

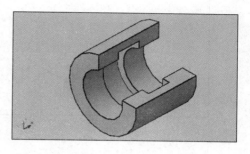

图 4-39　创建侧垂轴回转体示例（270°）

模块 3　绘制组合体（TYBZ00706013）

将以上所创建的三维实体进行布尔运算，可绘制出叠加类组合体、切割类组合体和综合类组合体的三维实体。布尔运算是绘制复杂三维实体的主要方法。

布尔运算包括"并集"、"差集"、"交集"三种运算，布尔运算命令按钮在面板"三维制作"控制台第 3 行的中部，如图 4-40 所示。

图 4-40　面板上布尔运算等命令按钮

一、绘制叠加类组合体

绘制叠加类组合体的三维实体，主要是进行布尔的"并集"运算，有时还会进行布尔的"交集"运算。"并集"运算就是将两个或多个三维实体模型进行合并，"交集"运算是将两个或多个实体模型的公共部分构造成一个新的三维实体。以绘制图 4-41 所示叠加类组合体的三维实体为例。具体操作步骤如下：

（1）创建要进行叠加的各基本实体。

首先将"视觉样式"设置为"二维线框"。

绘制叠加体第 1 部分：先选择"左视"，再选择"西南等轴测"，进入侧平面等轴测绘图状态，用实体绘图命令绘制一个底面为侧平面的大圆柱，效果如图 4-41（a）所示。

绘制叠加体第 2 部分：将绘图状态切换为"俯视"，再选择"西南等轴测"，进入水平面等轴测绘图状态，用实体绘图命令，绘制一个底面为水平面的小圆柱，效果如图 4-41（b）所示。

（2）进行"并集"运算。单击面板上"并集"命令按钮，按提示依次选择所有要叠加的实体，确定后，所选实体合并为一个实体，并显现立体表面交线，效果如图 4-41（c）所示。

（3）显示实体真实效果。将"视觉样式"切换为"真实"，效果如图 4-41（d）所示。

说明：用"交集"运算绘制叠加类组合体的操作步骤基本同上。图 4-42 所示为两个轴线平行的水平圆柱进行"交集"运算的过程和效果。

二、绘制切割类组合体

绘制切割类组合体的三维实体，是进行布尔的"差集"运算。"差集"运算就是从一个实体中减去另一个或多个三维实体。以绘制图 4-43 所示切割类组合体的三维实体为例。具体操作步骤如下：

（1）创建要被切割的实体和要切去部分的实体。

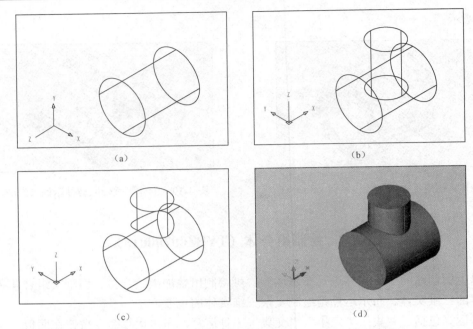

图 4-41　应用"并集"运算绘制叠加类组合体三维实体的示例

（a）绘制侧平圆柱;（b）绘制水平圆柱;（c）进行"并集"运算;（d）显示实体真实效果

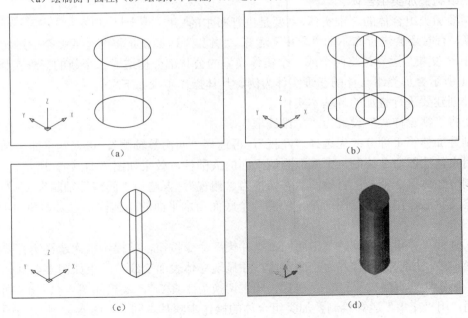

图 4-42　应用"交集"运算绘制三维实体的示例

（a）绘制一个水平圆柱;（b）再绘制一个水平圆柱;（c）进行"交集"运算;（d）显示"交集"后真实效果

首先将"视觉样式"设置为"二维线框"。绘制要被切割的原体——将绘图状态设为"俯视"，绘制原体的底面实形并使其成为一个整体，再将绘图状态切换为"西南等轴测"，操作"拉伸"命令，绘制出底面为水平面的组合柱，效果如图 4-43（a）所示。

绘制要切去部分的实体——将绘图状态切换为"俯视"，准确定位，绘制要切去实体的底面实形（该实体只需两体相交部分准确，可大于切去的部分），再将绘图状态切换为 "西南等轴测"，操作 "拉伸" 命令，绘制出底面为水平面的长方体，效果如图 4-43（b）所示。

（2）进行 "差集" 运算。单击面板上 "差集" 命令按钮，按提示依次选择要被切割的实体（原体）和将要切去部分的实体，确定后所选原体被切割，效果如图 4-43（c）所示。

（3）显示实体真实效果。将 "视觉样式" 设置为 "真实"，立即显示实体真实效果，如图 4-43（d）所示。

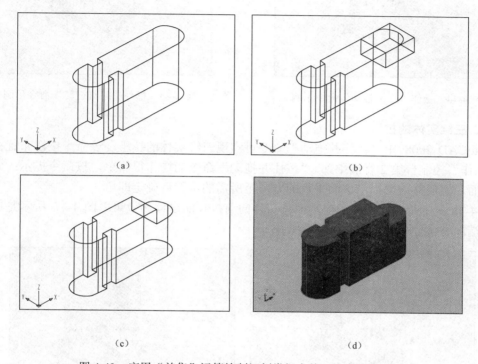

（a）　　　　　　　　　　　　　　　　　（b）

（c）　　　　　　　　　　　　　　　　　（d）

图 4-43　应用 "差集" 运算绘制切割类组合体三维实体的示例
（a）绘制要被切割的实体（原体）；（b）绘制要切去部分的实体；（c）进行 "差集" 运算；（d）显示实体真实效果

模块 4　编辑三维实体（TYBZ00706014）

三维实体可以进行并、差、交运算，生成新的实体；也可以像平面图形一样进行倒角和倒圆，来对图形进行修饰处理；甚至可以通过旋转、镜像、阵列、对齐、剖切、切割、干涉、压印、分割、抽壳、清除等编辑操作，同时对实体的边和面进行编辑。

一、三维移动和三维旋转

AutoCAD 中的 "三维移动" 和 "三维旋转" 命令按钮，依次布置在面板 "三维制作" 控制台第 2 行的左部。

"三维移动" 和 "三维旋转" 命令可使三维实体准确地沿着 X、Y、Z 三个轴方向移动或旋转，这是它们与二维编辑命令中 "移动" 和 "旋转" 命令的主要区别。

"三维移动" 和 "三维旋转" 命令的操作过程与相应的二维编辑命令基本相同，只是在指定基点后需要选择移动或旋转的轴方向，此时，AutoCAD 在基点处显示彩色三维轴向图标，移动鼠标选择轴线，选定轴方向的图标将变成黄色并在该方向显现一条无穷长直线，按命令提示继续操作，实体将沿该无穷长直线移动或绕无穷长直线旋转，如图 4-44 和图 4-45 所示。

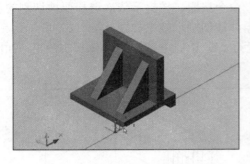 

图 4-44　操作"三维移动"命令示例　　　　图 4-45　操作"三维旋转"命令示例

二、三维实体的拉压

AutoCAD 2008 中"按住并拖动"命令可实现三维实体的拉压，该命令按钮布置在面板"三维制作"控制台第 2 行的中部。"按住并拖动"命令的操作很简单，按命令提示：先选择一个平面，然后移动鼠标沿该面垂直的方向至所需的位置后确定即可。

图 4-46 所示是选择实体的前端面将实体向前拉长的过程和效果；图 4-47 所示是选择实体的左端面将实体向右压短的过程和效果。

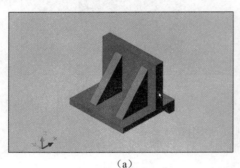 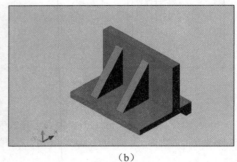

（a）　　　　　　　　　　　　　　　　　（b）

图 4-46　操作"按住并拖动"命令拉长三维实体的示例
（a）拉压前——选择前端面；（b）拉压后——向前拉长

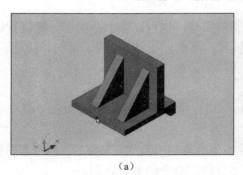 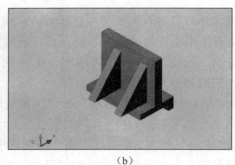

（a）　　　　　　　　　　　　　　　　　（b）

图 4-47　操作"按住并拖动"命令压短三维实体的示例
（a）拉压前——选择左端面；（b）拉压后——向右压短

三、三维实体的剖切

剖切实体就是将已有的实体沿指定的平面切开，并移去指定的部分。确定剖切平面的默认方法是指定平面上 3 点，也可以通过选择对象、XY 平面、YZ 平面、XZ 平面等方法来定义剖切平面。以剖切图 4-48 所示三维实体为例。具体操作步骤如下：

（1）输入命令。单击面板"三维制作"控制台展开中"剖切"命令按钮。

（2）选择要剖切的实体。选中后，单击右键或按【Enter】键结束实体的选择。

（3）选择确定剖切平面的方式。按提示选项，确定剖切方式。

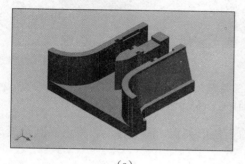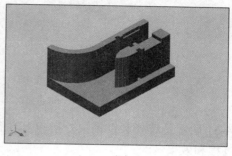

（a）　　　　　　　　　　　　　　　　　（b）

图 4-48　用"剖切"命令剖切三维实体的示例

（a）剖切之前；（b）剖切之后

（4）按选择的方式确定剖切平面。若选择"3 点"方式，应在实体上准确捕捉剖切平面上的任意 3 个点；若选择坐标平面方式，仅需在实体上捕捉剖切平面上的任意 1 个点。

（5）选择要保留的部分。在要保留的实体一侧单击左键以确定保留部分。若选择"保留两侧"选项，实体被剖切后两侧都保留。

四、用三维夹点改变基本实体的大小和形状

AutoCAD 增强了三维夹点的功能，在待命状态下选择实体，可激活三维实体的夹点，新的三维夹点不仅有矩形夹点，还有一些三角形（或称箭头）夹点。选中这些夹点中的任意一个进行操作，都可以沿指定方向改变基本实体的大小和形状。

图 4-49 所示是选择六棱柱左边侧棱上的矩形夹点，向右下方移动的过程和效果。

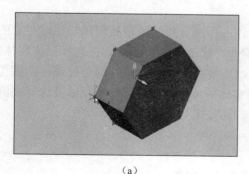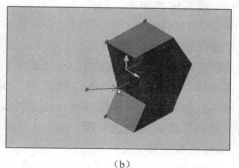

（a）　　　　　　　　　　　　　　　　　（b）

图 4-49　选择三维实体上矩形夹点修改的示例

（a）激活并选择左侧棱上夹点；（b）向右下方移动后的效果

图 4-50 所示是选择四棱锥锥尖附近指向左方的三角形夹点，向左移动，将四棱锥变成四棱台的过程和效果（也可形成棱柱）。

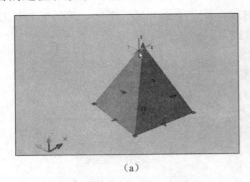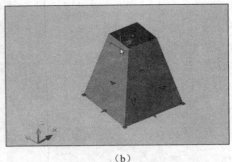

（a）　　　　　　　　　　　　　　（b）

图 4-50　选择三维实体上三角形夹点修改的示例一

（a）激活并选择锥尖处指向左方的夹点；（b）向左方移动后的效果

图 4-51 所示是选择圆锥锥尖处指向上方的三角形夹点，向下移动，将正立圆锥变成倒立圆锥的过程和效果。

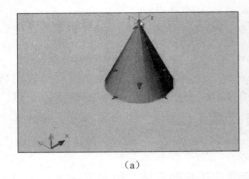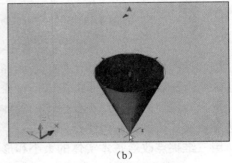

（a）　　　　　　　　　　　　　　（b）

图 4-51　选择三维实体上三角形夹点修改的示例二

（a）激活并选择锥尖处指向上方的夹点；（b）向下方移动后的效果

说明：经过布尔运算后的实体，激活夹点只能移动。

五、三维实体的倒角、圆角

三维实体的倒角、圆角可以对已存在的实体进行倒直角、圆角处理，与二维对象的倒角圆角命令操作模式相同。倒直角时，点下拉式菜单“修改”→“倒角”，在选择三维实体的边，指定倒角距离以及选择要倒角的各棱边或环后，即可对三维实体进行倒角处理；倒圆角时，点下拉式菜单“修改”→“倒角”，在选择三维实体的棱边，指定圆角半径以及选择要圆角的个棱边或环后，即可对三维实体进行倒角处理。其效果如图 4-52 所示。

六、编辑三维实体的边和面

1. 编辑三维实体的边

AutoCAD 提供的三维实体的边的编辑主要有以下两类：

（1）着色边：可以修改三维实体各棱边的颜色。单击下拉菜单“修改”→“实体编辑”，或在“实体编辑”工具栏选择“着色边”项［见图 4-53（a）］，依照提示可完成相关操作。

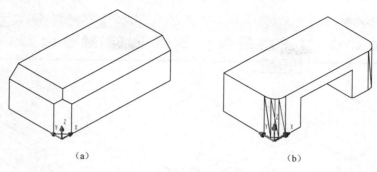

图 4-52　三维实体的倒角、圆角

(a) 倒直角；(b) 倒圆角

（2）复制边：可以将三维实体中的边复制成单独的对象，满足要求的对象有直线、圆、圆弧、椭圆或样条曲线对象。单击下拉菜单"修改"→"实体编辑"，或在"实体编辑"工具栏选择"复制边"项［见图 4-53（b）］，操作方法如图 4-54 所示。

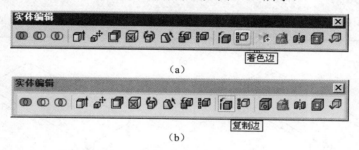

图 4-53　编辑三维实体工具栏

(a) 实体编辑工具栏中"着色边"按钮；(b) 实体编辑工具栏中"复制边"按钮

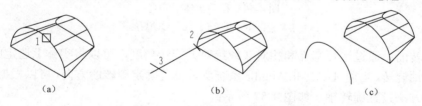

图 4-54　三维实体上边的复制

(a) 选定将要复制的边；(b) 指定基点和选定第二点；(c) 复制得到的边

2. 编辑三维实体的面

三维实体面的编辑，可以对选定面上的所有轮廓进行拉伸、旋转、平移、删除、复制和改变颜色等操作。

（1）拉伸面：用户可以沿一条路径指定一个高度值和倾斜角拉伸平面。这时拉伸正方向在进行操作的面的法线上，输入一个正值可以沿正方向拉伸面（通常是向外）；输入一个负值可以沿负方向拉伸面（通常是向内）。其效果如图 4-55 所示。

拉伸时，可以选择直线、圆、圆弧、椭圆、椭圆弧、多段线或样条曲线作为路径。路径不能和选定的面位于同一个平面，也不能有大曲率的区域。

（2）移动面：可以将三维实体中的选定面按指定的距离均匀地偏移到指定的位置和方向。主要操作对象是三维实体中的槽、孔。移动实体中的孔如图 4-56 所示。

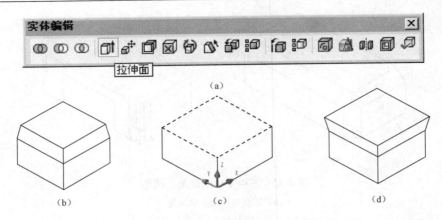

图 4-55　指定高度和倾斜角的拉伸

（a）工具栏；（b）选定的拉伸面；（c）拉伸角度为正 10°；（d）拉伸角度为负 10°

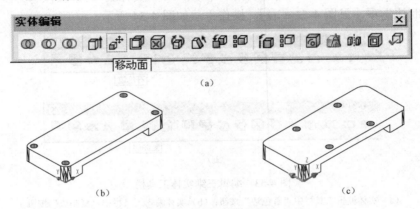

图 4-56　移动实体中的孔

（a）工具栏；（b）原图形；（c）移动后的图形

（3）旋转面：通过选择基点和相对（或绝对）旋转角度，可以将实体上选定的面或特征集合绕指定轴旋转。当前 UCS 和 Angdir 系统变量设置确定旋转的方向，可以根据指定两点、指定对象等方法设置旋转轴，如图 4-57 所示。

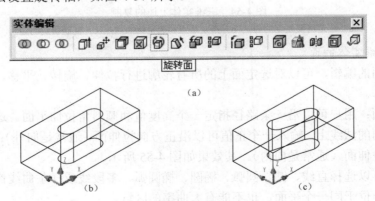

图 4-57　图形的旋转

（a）工具栏；（b）原图形；（c）槽旋转 15°后图形

（4）偏移面：该命令可以指定一个或多个面等距偏移一指定的距离，如图 4-58 所示。

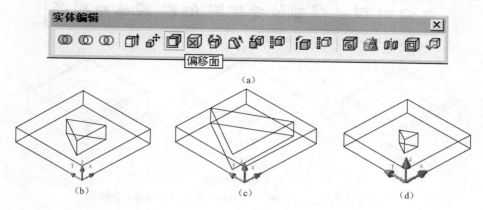

图 4-58　三角形槽的偏移

（a）工具栏；（b）原图形；（c）偏移距离 10；（d）偏移距离−5

（5）倾斜面：将实体中的一个或多个面，按指定的角度倾斜。以正角度倾斜选定的面将向内倾斜面，以负角度倾斜选定的面将向外倾斜面。避免使用太大的倾斜角度。如果角度过大，轮廓在到达指定的高度之前，可能会倾斜成一点，程序拒绝这种倾斜，如图 4-59 所示。

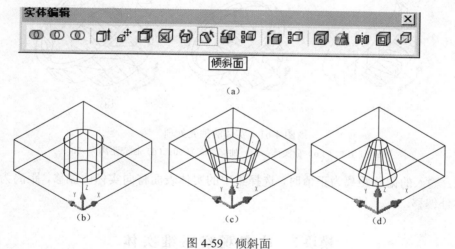

图 4-59　倾斜面

（a）工具栏；（b）原图形；（c）与倾斜轴成 15°；（d）与倾斜轴成−15°

（6）删除面：该命令可删除实体上的一个或多个面，删除的面主要是实体内部的面、孔等，效果如图 4-60 所示。

七、抽壳

该命令是将选择集中的面向内或外偏移一个指定的距离，形成有一定厚度（偏移距离）的壳体。该命令对于箱体类零件的绘制非常有用。

其命令调用方式：单击"修改"下拉菜单→"实体编辑"→"抽壳"，或命令行：Solidedit。依提示，选择要抽壳的三维实体、选择去除不进行偏移的表面、指定选择集中实体的偏移距离后，即可完成对实体的抽壳处理，效果如图 4-61 所示。

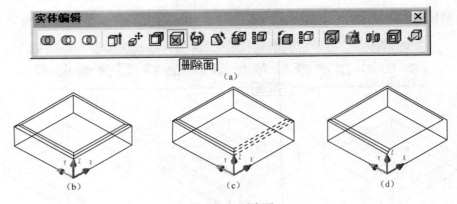

图 4-60　删除面

（a）工具栏；（b）原图形；（c）选择删除面；（d）删除后图形

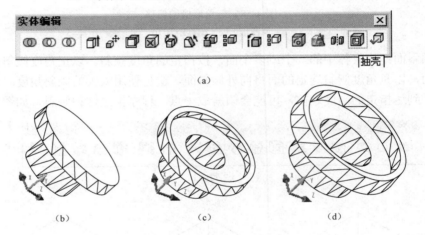

图 4-61　实体的抽壳处理

（a）工具栏；（b）原实体；（c）抽壳距离为 50；（d）抽壳距离为−50

　　注意：输入的偏移距离为正值时，选择集中的实体表面将向实体内偏移，距离为负值时，将向实体外偏移。

模块 5　动态观察三维实体

前面使用标准视点静态观察三维实体，在 AutoCAD 2008 中还可以用多种方式动态地观

图 4-62　面板上弹出式下拉工具栏中动态观察三维实体的命令按钮

察三维实体。动态观察三维实体的命令按钮布置在面板"三维导航"控制台中。图 4-62 所示的弹出式下拉工具栏中的 3 个命令按钮，是动态观察平行投影三维实体的常用命令，从上至下依次是"受约束的动态观察"（即实时手动观察）、"自由动态观察"（即用三维轨道手动观察）和"连续动态观察"。

一、实时手动观察三维实体

　　在绘制复杂三维实体的过程中，常常需要改变

三维实体的观察方位，以便精确绘图。在 AutoCAD 2008 中操作"受约束的动态观察"命令，可将三维实体的观察方位实时手动变化到任意状态。该命令不仅可在待命状态下执行，还可以在其他命令的操作中执行。

　　"受约束的动态观察"命令快捷地操作方法是：先按住【Shift】键，再按住鼠标中键（即滚轮），此时光标变成梅花状，拖动鼠标即可按拖动的方向实时改变三维实体的方位（若松开【Shift】键，光标变成小手状，可实时平移）。该命令使三维实体的绘制过程更加轻松快捷。图 4-63 所示是实时手动改变实体观察方位的示例。

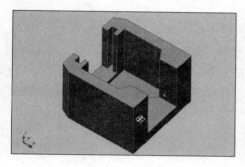

图 4-63　手动改变实体观察方位示例

二、用三维轨道手动观察三维实体

　　在 AutoCAD 2008 中操作"自由动态观察"命令，可使用三维轨道手动观察三维实体。该命令不能在其他命令中操作。

　　单击面板上"自由动态观察"命令按钮，输入命令后，在三维实体处显现出三维轨道——在 4 象限点各有一个小圆的"圆弧球"轨道，显现三维轨道后，按住鼠标左键并拖动，可使实体旋转，松开鼠标左键将停止旋转，如图 4-64 所示。

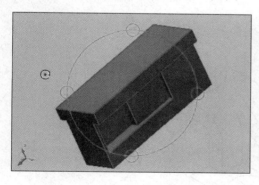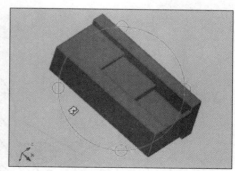

图 4-64　操作三维"圆弧球"轨道改变实体观察方位示例

　　三维轨道有 4 个影响模型旋转的光标，每一个光标就是一个定位基准，将光标移动到一个新的位置，光标的形状和旋转的类型会自动改变。具体操作如下：

　　（1）让实体绕铅垂轴旋转。显现三维轨道后，将光标移到轨道左（或右）边的小圆中，光标将变成水平椭圆形状。此时，按住鼠标左键，使光标在左右小圆之间水平移动，实体将随光标的移动绕铅垂轴旋转；松开鼠标左键，停止旋转。

　　（2）让实体绕水平轴旋转。显现三维轨道后，将光标移到轨道上（或下）边的小圆中，光标将变成垂直椭圆形状。此时，按住鼠标左键，使光标在上下小圆之间移动，实体将绕水平轴旋转；松开鼠标左键，停止旋转。

（3）让实体滚动旋转。显现三维轨道后，将光标移到轨道的外侧，光标将变成圆形箭头形状。此时，按住鼠标左键拖动，实体将绕着圆弧球的中心向外延伸并绕垂直于屏幕（即指向用户）的假想轴旋转，松开鼠标左键将停止旋转。AutoCAD 将这种旋转称为滚动。

（4）让实体随意旋转。显现三维轨道后，将光标移到轨道的内侧，光标变成梅花加直线的形状。此时，按住鼠标左键并拖动，实体将绕着轨道圆弧球的中心沿鼠标拖动的方向旋转，松开鼠标左键将停止旋转。

三、连续动态观察三维实体

使用连续轨道可以实现连续动态观察三维实体，使实体自动连续旋转。单击面板上"连续动态观察"命令按钮，输入命令后，光标变成球状，此时，按住鼠标左键沿所希望的旋转方向拖动一下，然后松开鼠标左键，实体将沿着拖动的方向和拖动时的速度自动连续旋转。单击鼠标左键即可停止旋转。旋转时，若想改变实体的旋转方向和旋转速度，可随时按住鼠标左键进行拖动引导。

说明："回旋"观察三维实体的方式常常应用于透视图；"漫游"观察三维实体的方式，仅应用于透视图。

综 合 实 例

支 架 的 三 维 建 模

【任务描述】

建立图 4-65 所示支架的三维模型。

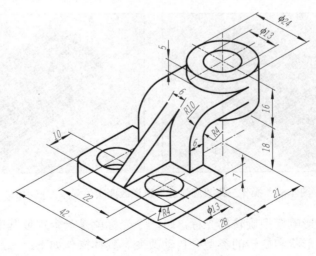

图 4-65　支架

【操作步骤】

步骤一： 在"三维导航"控制台的下拉列表中，选择 "俯视"项，利用二维绘图及编辑命令分别绘制底板、圆筒、支板、肋板的特征面形状，如图 4-66 所示。

1. 绘制底板平面形状

（1）命令：_rectang ↓ ——画"矩形"的命令

指定第一个角点或［倒角（C）/标高（E）/圆角（F）/厚度（T）/宽度（W）］:

——任意指定一点

指定另一个角点或［面积（A）/尺寸（D）/旋转（R）］: @28，42 ↓

——画"矩形"长 28，宽 42

（2）命令：_fillet ↓ ——画"倒圆角"的命令

当前设置：模式=修剪，半径=0.0000

选择第一个对象或［多段线（P）/半径（R）/修剪（T）/多个（U）］: R

——设置圆角半径为 4

指定圆角半径 <0.0000>: 4

选择第一个对象或［多段线（P）/半径（R）/修剪（T）/多个（U）］:

——单击矩形的一边

选择第二个对象： ——单击矩形另一边

（3）命令：_circle 指定圆的圆心或［三点（3P）/两点（2P）/相切、相切、半径（T）］:

from ↓

基点： ——捕捉矩形左侧边中点

基点：<偏移>: @10，11 ↓ ——圆心位置距基点右侧 10，上方 11

指定圆的半径或［直径（D）］: 13/2 ↓ ——圆的半径 6.5

（4）命令：_mirror ↓

选择对象：找到 1 个 ——选半径为 6.5 的小圆

选择对象： ——回车确认

指定镜像线的第一点：指定镜像线的第二点：——捕捉矩形长边的两个中点

要删除源对象吗？［是（Y）/否（N）］<N>:

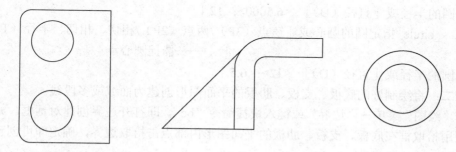

图 4-66　绘制底板、支板、肋板、圆筒的特征面形状

2. 绘制支板平面形状

（1）命令：_line 指定第一点： ——画线命令

指定下一点或［放弃（U）］: 29 ↓ ——鼠标定位在 90°方向

指定下一点或［放弃（U）］: 27 ↓ ——鼠标定位在 0°方向

指定下一点或［闭合（C）/放弃（U）］：6↓   ——鼠标定位在 270°方向

指定下一点或［闭合（C）/放弃（U）］：21↓   ——鼠标定位在 180°方向

指定下一点或［闭合（C）/放弃（U）］：   ——利用追踪与起点对齐后输入

指定下一点或［闭合（C）/放弃（U）］：c↓   ——闭合图形

（2）命令：_fillet↓

当前设置：模式=修剪，半径=4.0000   ——圆角命令

选择第一个对象或［放弃（U）/多段线（P）/半径（R）/修剪（T）/多个（M）］：

                                         ——选一条边

选择第二个对象，或按住 Shift 键选择要应用角点的对象：——选另一条边

（3）命令：FILLET↓

当前设置：模式=修剪，半径=4.0000

选择第一个对象或［放弃（U）/多段线（P）/半径（R）/修剪（T）/多个（M）］：r↓

                                        ——设置半径值为 10

指定圆角半径 <4.0000>：10↓

选择第一个对象或［放弃（U）/多段线（P）/半径（R）/修剪（T）/多个（M）］：

                                        ——选一条边

选择第二个对象，或按住 Shift 键选择要应用角点的对象：——选另一条边

3．绘制肋板平面形状

命令：_line 指定第一点：捕捉六边形的左下角

指定下一点或［放弃（U）］：22↓   ——鼠标定位在 180°方向

指定下一点或［放弃（U）］：   ——捕捉支板图形上 R10 圆弧的切点

指定下一点或［闭合（C）/放弃（U）］：

4．绘制圆筒平面图形

命令：_circle 指定圆的圆心或［三点（3P）/两点（2P）/相切、相切、半径（T）］：

                                      ——任意指定

指定圆的半径或［直径（D）］<6.5000>：12↓

命令：_circle 指定圆的圆心或［三点（3P）/两点（2P）/相切、相切、半径（T）］：

                                      ——捕捉圆心点

指定圆的半径或［直径（D）］<12>：6.5↓

步骤二：将绘制好的底板、支板、肋板的平面图形创建为面域或多段线。

选择"绘图"菜单→"边界"或键入快捷命令"bo"，即打开边界创建对话框。如图 4-66 所示，利用拾取框在底板、支板、肋板的平面图形内部点击拾取边界，确定即可创建面域或多段线。

命令：bo↓   ——利用"边界"命令创建面域或多段线

选择对象：   ——用拾取框在底板、支板、肋板的平面图形内部点击拾取边界

选择对象：回车

步骤三：在"三维导航"控制台的下拉列表中，选择"西南等轴测"项，用"拉伸"命令将刚才创建的面域或多段线拉伸为实体，效果如图 4-67 所示。操作如下：

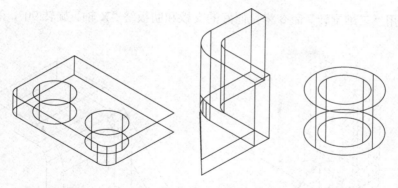

图 4-67 用"拉伸"命令创建底板、支板、肋板、圆筒的实体模型

1. 拉伸底板

命令：_extrude↓ ——"实体拉伸"命令

当前线框密度：ISOLINES=4

选择对象： ——单击底板面域或多段线

选择对象： ↓

指定拉伸高度或［路径（P）］：—7

指定拉伸的倾斜角度 <0>: ↓ ——创建底板实体

2. 拉伸支板

命令：_extrude↓ ——"实体拉伸"命令

当前线框密度：ISOLINES=4

选择对象： ——单击支板面域或多段线

选择对象： ↓

指定拉伸高度或［路径（P）］：24↓

指定拉伸的倾斜角度 <0>: ↓ ——创建支板实体

3. 拉伸肋板

命令：_extrude↓ ——"实体拉伸"命令

当前线框密度：ISOLINES=4

选择对象： ——单击肋板面域或多段线

选择对象： ↓

指定拉伸高度或［路径（P）］：6↓

指定拉伸的倾斜角度 <0>: ↓ ——创建肋板实体

4. 拉伸圆筒

命令:_extrude↓ ——"实体拉伸"命令

当前线框密度：ISOLINES=4

选择对象： ——单击两个同心圆

选择对象： ↓

指定拉伸高度或［路径（P）］：16↓

指定拉伸的倾斜角度 <0>: ↓ ——创建圆筒实体

步骤四：用"三维旋转"命令将拉伸好的支板和肋板绕"X轴"旋转 90°，效果如图 4-68 所示。操作如下：

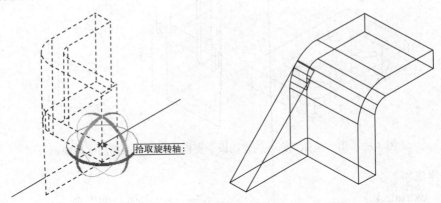

图 4-68   用"三维旋转"将支板和肋板绕"X轴"旋转 90°

命令：_3drotate ↓   ——"三维旋转"命令
UCS 当前的正角方向：ANGDIR=逆时针，ANGBASE=0
找到 2 个   ——选取支板和肋板
指定基点：   ——在立体上任意指定一点
拾取旋转轴：   ——拾取"X轴"
指定角的起点或键入角度：90 ↓
正在重生成模型。

步骤五：在实体上绘制一些辅助线，将各部分实体移动到图中的位置，效果如图 4-69 所示。

（1）命令：_move ↓   ——"移动"命令
选择对象：   ——单击肋板
选择对象：↓
指定基点或位移：   ——捕捉肋板左边线的中点
指定位移的第二点或 <用第一点作位移>：   ——捕捉支板下左边线的中点
（2）命令：↓   ——重复"移动"命令
选择对象：   ——单击支撑板和肋板
选择对象：↓
指定基点或位移：   ——捕捉支撑板右下边线的中点
指定位移的第二点或 <用第一点作位移>：   ——捕捉底板右边线的中点
（3）从圆筒顶部圆心向下画一条长度为 5 的直线；
命令：_move ↓   ——"移动"命令
选择对象：   ——单击圆筒
选择对象：↓
指定基点或位移：   ——捕捉圆筒圆心向下 5 的直线端点
指定位移的第二点或 <用第一点作位移>：   ——捕捉支板顶右边线的中点

步骤六：利用"布尔运算"先将底板、支板、肋板、圆筒（外圆柱）进行"并集"，再在并集后的立体上执行差集，将圆筒（内圆柱）及底板圆孔执行"差集"，效果如图 4-70 所示。操作如下：

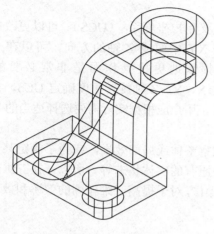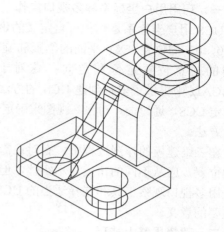

图 4-69　移动各实体位置　　　　　　　　　　　图 4-70　"布尔运算"后的支座

（1）命令：_union ↓

选择对象：　　　　　　　　　　　　　　　——单击大圆柱体、支撑板、肋板和底板

选择对象：↓

（2）命令：_subtract 选择要从中减去的实体或面域……

选择对象：　　　　　　　　　　　　——单击并集后的实体

选择对象：↓

选择要减去的实体或面域……

选择对象：　　　　　　　　　　　　——单击圆筒内圆和底板上两个圆柱

选择对象：↓

步骤七：单击"视图"菜单下的"概念"命令，概念视图下的支座如图 4-71 所示。

图 4-71　概念视图下的支座

小　　结

一、巧用用户坐标系和多视口操作

UCS 用户坐标系是一种可自定义的坐标系统。定义用户坐标系 （UCS） 可以更改原点 (0，0，0) 的位置、XY 平面的位置和旋转角度以及 XY 平面或 Z 轴的方向，可以在三维空间的任意位置定位和定向；这对于三维作图频繁地更换操作面是非常必要的，AutoCAD 中提供了多种创建 UCS 的方法，如：通过 X、Y、Z 轴旋转角度确定 UCS，由三点确定 UCS，通过面、对象、视图来确定新的 UCS 等，用户应根据实际需要选择适当的 UCS 操作方法。

在三维建模的作图过程中，有时还需要及时地观察整体或局部效果，或为了确定某一实体的位置，应从不同的角度显示实体，但又不想失去原有的实体状态等。所以，在三维建模时采用多视口观察工具和选择适当的 UCS 坐标配合操作，对于提高三维作图的效率和效果具有重要的意义。

二、建模思路上技巧

1. 构形思想的建立

现代三维 CAD 构型设计一般都是基于二维草图生成的，利用传统工程图学中形体分析的方法，分析视图或立体，在叠加或切割等成型分解的基础上，抓住各个形体特征视图，再通过"拉伸"、"旋转"、"放样"、"扫掠"等方法去建立实体模型，更容易做到思路清晰、作图迅速，也有利于大家空间构形思想的真正形成。

2. 先加后减的技巧

构建相对复杂一些的实心体模型时，常需要反复多次使用布尔集合运算的"加"UNION 和"减"SUBTRACT。如果使用次序不当，会造成麻烦。总的法则是先加后减，即先操作需要加的实体集合，然后再去做"减"集合，可保证较高的速度和成功率。

3. 巧用拉伸命令

在三维实体建模中，拉伸命令可以实现被拉截面沿路径并垂直于路径上每点的切线方向生成一个拉伸体，其用途广泛，使用频率很高。该命令操作的关键是面域和路径的设置；面域创建除了可以利用"创建面域"REGION 命令实现外，还可以利用"边界创建"BOUNDARY、"创建截面" SECTION 来创建面域；可以作为路径的对象有直线、圆、圆弧线、椭圆、椭圆弧线、多段线和样条曲线。

为确保拉伸命令的顺利执行，应注意：

（1）路径线不要与三维物体轮廓线处于同一个平面上；路径线的曲折程度也要控制在拉伸后的三维实体所支持范围内。例如：路径线为圆弧，所选拉伸截面是圆，如果圆的半径大于圆弧的半径就不能构成拉伸实心体，因为沿路径线拉伸后体自相交是不允许的。

（2）如果路径线是样条曲线，则该样条曲线端点（拉伸起点）处的切线方向要垂直于被拉伸轮廓线平面。

三、三维编辑的技巧

用三维编辑工具 ALIGN、ROTATE3D，MIRROR3D 和 3DARRAY 取代二维编辑命令 MOVE、ROTATE、MIRROR 和 ARRAY 可以淡化当前工作平面，提高操作效率和可靠性。

四、使用图层组织图形的技巧

如果创建的三维模型较复杂，利用图层将对模型进行分层管理，可以方便地打开或关闭某些层，以便更容易显示图形并对其进行修改，带来作图的便利。

习 题 与 操 作 练 习

一、理论题

（一）单选题

1. 如果要将 3D 对象的某个表面与另一对象的表面对齐,应使用命令（　　）。

 A. MOVE（移动）   B. MIRROR3D（三维镜像）

 C. ALIGN（对齐）   D. ROTATE3D（三维旋转）

2. "扫掠"和"旋转"建模命令的共同之处在于（　　）。

 A. 都能生成三维实心体模型

 B. 都能生成三维多边形网格

 C. 都需要以直线 LINE 作为旋转轴

 D. 都能以任何开放或封闭对象作为路径曲线

3. 在三维空间中移动、旋转、缩放实体用（　　）命令。

 A. MOVE（移动）   B. SCALE（缩放）

 C. ROTATE（旋转）   D. ALIGN（对齐）

4. 可以为实体模型创建圆角的命令是（　　）。

 A. FILLET（圆角）   B. EXTRUDE（拉伸）

 C. REVOLVE（旋转）   D. CHAMFER（倒角）

5. 用定义的剖切面将实心体一分为二，应执行（　　）命令。

 A. SLICE（剖切）   B. SECTION（切割）

 C. SUBTRACTION（差集）   D. INTERFERENCE（干涉）

6. 在使用用户坐标系 UCS 时，如何用三点确定坐标系？（　　）

 A. Origin   B. Zaxis   C. 3point   D. Object

7. 要使 UCS 图标显示在当前坐标系的原点处，可选 UCS 图标显示命令的（　　）选项。

 A. ON   B. OFF   C. OR   D. N

8. AutoCAD 中，可用（　　）消隐操作将隐藏被前景对象遮掩的背景对象，从而使图形的显示更加简洁，设计更加清晰。

 A. 变量 ISOLINES   B. 变量 FACETRES

 C. 变量 DISPSILH   D. 命令 HIDE

9. 作一空心圆筒，可以先建立两个圆柱实心体，然后用命令（　　）。

 A. SLICE（剖切）   B. UNION（并集）

 C. SUBTRACT（差集）   D. INTERSECT（交集）

10. 下列图形对象能被压印的是（　　）。

 A. 面域   B. 圆   C. 实心体   D. 网格表面

11．组合面域是两个或多个现有面域的全部区域并合起来形成的；组合实体是两个或多个现有实体的全部体积合并起来形成的，这种操作称（　　　）。

A．INTERSECT（交集）　　　　　　　B．UNION（并集）

C．SUBTRACTION（差集）　　　　　　D．INTERFERENCE（干涉）

12．用 VPOINT（视点）命令，输入视点坐标值（0,0,1）后，结果与平面视图的（　　　）相同。

A．Left（左视图）　　　　　　　　　B．Right（右视图）

C．Top（俯视图）　　　　　　　　　D．Front（前视图）

13．在下列选项中，（　　　）不属于 AutoCAD 提供的视觉样式。

A．三维线框　　　B．三维隐藏　　　C．概念　　　D．消隐

14．如图 4-72 所示的三维模型所使用的是（　　　）着色样式。

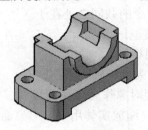

图 4-72　单选题 14 图

A．消隐　　　　　B．真实　　　　　C．概念　　　　　D．渲染

15．使用（　　　）命令可以从一个面域中减去与其相交的面域。

A．合并　　　　　B．并集　　　　　C．交集　　　　　D．差集

16．使用下列（　　　）命令可以创建棱台实体模型。

A．Pyramid（棱锥体）　　　　　　　B．Polysolid（多段体）

C．Cone（圆锥体）　　　　　　　　D．Wedge（楔体）

17．在 AutoCAD 绘图软件中，只有（　　　）对象才可以进行布尔运算。

A．轴测图　　　　B．网格　　　　　C．实体和面域　　　D．线框

18．使用下列（　　　）命令可以对三维实体进行编辑。

A．复制面　　　　B．倾斜面　　　　C．着色面　　　　D．抽壳

19．使用下列（　　　）命令，可以将图 4-73（a）中的圆孔编辑为图 4-73（b）所示的状态。

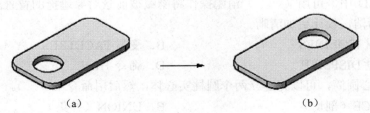

（a）　　　　　　　　　　　　　　　　　（b）

图 4-73　单选题 19 图

A．【复制面】　　　B．【偏移面】　　　C．【移动面】　　　D．【倾斜面】

20. 绘制圆环时，当环管的半径大于圆环的半径时，会生成（　　　）。

　A．圆环　　　　　　B．球体　　　　　　C．纺锤体　　　　　　D．不能生成

（二）多选题

1. 使用下列（　　）命令可以对三维实体进行编辑。

　A．复制面　　　　　B．倾斜面　　　　　C．着色面　　　　　D．抽壳

2. 在 AutoCAD 绘图软件中，只有（　　　）对象才可以进行布尔运算。

　A．面域　　　　　　B．网格　　　　　　C．实体　　　　　　D．线框

3. 使用（　　）命令可以创建如图所示的椭圆柱体。

　A．Cylinder（圆柱体）　　　　　　B．Cone（圆锥体）
　C．Extrude（拉伸）　　　　　　　　D．Sweep（扫掠）

4. 使用（　　）命令可以实现从图 4-74（a）到图 4-74（b）的转变。

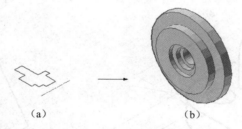

　　　　（a）　　　　　　　　　　（b）

图 4-74　多选题 4 图

　A．Revolve（旋转）　　　　　　　　B．Polysolid（多段体）
　C．Revsurf（旋转网格）　　　　　　D．Sweep（扫掠）

5. 如果要将 3D 对象的某个表面与另一对象的表面对齐，应使用命令（　　　）。

　A．MOVE（移动）　　　　　　　　　B．MIRROR3D（三维镜像）
　C．ALIGN（对齐）　　　　　　　　　D．ROTATE3D（三维旋转）

二、操作题

1. 设置三维建模工作界面：首先从二维绘图工作界面切换到三维建模工作界面，熟悉三维建模工作界面中面板并进行相关的设置，然后弹出三维建模时常用的工具栏，布置自己的三维工作界面并保存它。

2. 掌握基本三维实体的绘制方法。

（1）用实体命令绘制各种方位基本体的三维实体。

（2）用"拉伸"的方法绘制各类直柱体和台体的三维实体。

（3）用"扫掠"的方法绘制弹簧三维实体和其他特殊的三维实体。

（4）用"放样"的方法绘制变截面的三维实体。

（5）用"旋转"的方法绘制各种方位的回转体。

3. 建立图 4-75 所示的三维模型，并查询其质量特性。

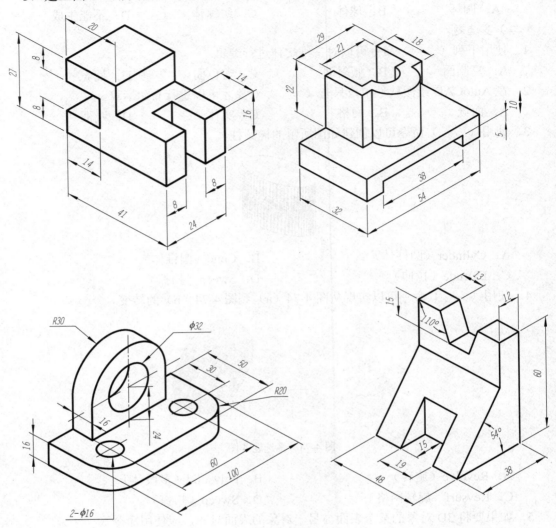

图 4-75　操作题 3 图

AutoCAD 拓 展 应 用

【学习目标】

☞ 掌握通过 Internet 打开、保存或插入图形的方法。

☞ 了解电子传递图形文件的方法。

☞ 了解超级链接的作用，掌握将图形发布到 Web 页的方法。

☞ 了解 AutoCAD 图形文件的转换方式，为编写技术文件做好准备。

☞ 了解 AutoCAD 与其他一些常用软件的结合应用方法，提高 CAD 的综合应用能力。

【考核要求】

AutoCAD 拓展应用的考核要求见表 5-1。

表 5-1   单元 5   考核要求

序 号	项目名称	质 量 要 求	满分	扣分标准
TYBZ007060016	AutoCAD 与 Internet 连接	掌握使用 AutoCAD 从 Internet 打开、保存或插入图形，使用电子邮件传递传送文件，创建和访问超链接图形文件等	2	未按要求完成相关操作扣 2 分

模块 1   AutoCAD 的 Internet 连接（TYBZ00706016）

为适应互联网络的快速发展，使用户能够快速有效地共享设计信息，AutoCAD 2008 大大强化了其 Internet 功能，使其与互联网相关的操作更加方便、高效。

要使用 AutoCAD 的 Internet 功能，用户必须可以访问 Internet；要将文件保存在 Internet 上，就必须对存储文件的目录具有足够的访问权限。利用 AutoCAD，用户可以在访问 Internet 中的站点，下载和保存相关的图形文件，并在本地计算机 AutoCAD 绘图区中打开、编辑图形文件；利用 AutoCAD，可以在多用户之间共享当前操作图形，从 Web 站点通过拖动方式在当前图形中插入块或超链接，使其他用户方便地访问有关文件；利用 AutoCAD，还可以创建 Web 格式的文件（DWF），发布 AutoCAD 图形文件到 Web 页面，以便让用户浏览、打印 DWF 格式文件。

一、在 Internet 上打开、保存和插入图形

在 AutoCAD 中，文件输入和输出命令都具有内置的 Internet 支持功能，可以直接从 Internet 上打开文件。在进入 Internet 后，选择需要的图形文件，确认后即可被下载到临时文件夹中，并打开。然后，可对该图形进行各种编辑，再保存到本地计算机或有访问权限的任何 Internet 站点。另外，利用 AutoCAD 的 I-drop 功能，还可直接从 Web 站点将图形文件拖入到当前图形中，作为块插入。

1. 从 Internet 上打开和保存图形

单击"文件"下拉菜单下的"打开"命令，系统弹出"选择文件"对话框，如图 5-1 所

示，在"选择文件"对话框中，单击"搜索 Web"按钮，系统将打开"浏览 Web-打开"对话框，并连接到 www.autodesk.com.cn，如图 5-2 所示。也可在弹出的对话框中的"查找范围"文本框中输入 URL 地址，即可方便地访问网页。

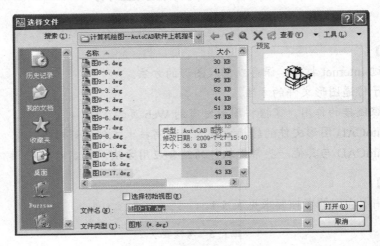

图 5-1   "选择文件"对话框

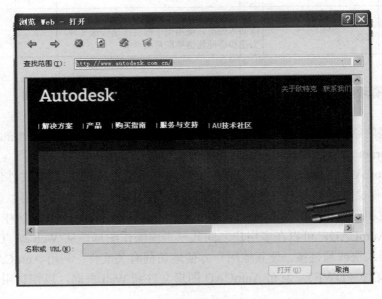

图 5-2   "浏览 Web"对话框

2. 处理 Internet 外部参照

用户可以把存储在 Internet 或 Intranet 上的外部引用图形链接到存储在本地系统中的图形上。例如，用户可能拥有一组每天都由许多承包人员修改的建筑图形。这些图形被存储在 Internet 上的一个工程目录中。用户可以在自己的计算机上保存一个主控图形，并将 Internet 图形作为外部引用（xrefs）链接到主控图形。当任何 Internet 图形被修改了时，在下次打开本地的主控图形时，所做的修改就被包含在其中了。使用这一高效强大的机制，可以使开发团队能准确、及时地共享和掌握设计组成员所做的最新的合成图形。

为将外部引用链接到存储在 Internet 上的图形文件，可点击 "插入"下拉菜单→"外部参照"命令，打开"选择参照文件"对话框，指定想要链接文件的 URL，即可在图形中为外部引用指定一个插入点。

二、电子传递文件

在 AutoCAD 2008 中，选择"文件"→"电子传递"命令，即可使用"电子传递"功能，为 AutoCAD 图形及其相关文件、外部参照创建传递集（即打包），以便在 Internet 上传送，此时将打开"创建传递"对话框，在"创建传递"对话框的"当前图形"选项组中，包含"文件树"选项卡和"文件表"两个选项卡。其中，"文件树"选项卡中以树状形式列出传递集中所包括的文件，默认情况下，AutoCAD 将列出与当前图形有关的所有文件。"文件表"选项卡则显示了图形文件的具体存储位置、版本、日期等信息，对其进行相应设置后，即可进行电子传递，如图 5-3 所示。

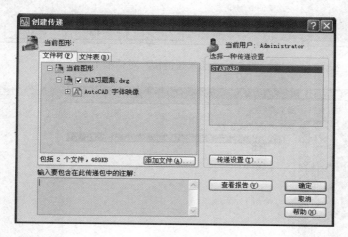

图 5-3 "创建传递"对话框

三、使用超级链接

超级链接是 AutoCAD 图形中的一种指针，利用超级链接可提供由当前页到关联文件的跳转。例如，可以创建启动字处理程序并打开指定文件或激活 Web 浏览器，加载特定 HTML 页面的超级链接，也可指定跳转到文件中的某个命名位置。在 AutoCAD 中可为某个视图或字处理程序创建书签，还可将超级链接附着到 AutoCAD 的任意图形对象上。超级链接可提供简单而有效的方式，快速地将多种文档（如其他图形、明细表、库存信息或项目计划等）与 AutoCAD 图形相关联。

1. 链接到现有文件或 Web 页

在"链接至"列表框中，单击"现有文件或 Web 页"按钮，可以给现有文件或 Web 页创建链接，此时打开的"插入超链接"对话框，如图 5-4 所示。

2. 链接到此图形的视图

在"链接至"列表框中，单击"此图形的视图"按钮，可以在当前图形中确定要链接的命名视图，此时的"插入超链接"对话框，如图 5-5 所示。

3. 链接到电子邮件地址

在"链接至"列表框中，单击"电子邮件地址"按钮，可以确定要链接到的电子邮件地址。可通过界面确定邮件地址和邮件主题。

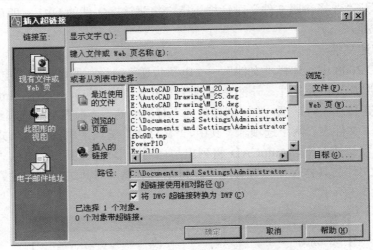

图 5-4　"插入超链接"对话框 1

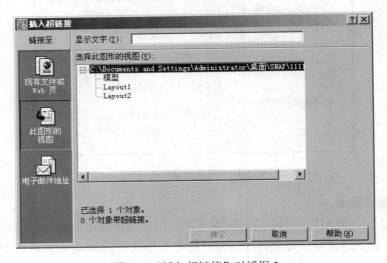

图 5-5　"插入超链接"对话框 2

四、发布 DWF 文件

现在，国际上通常采用 DWF（Drawing Web Format，图形网络格式）图形文件格式，因此要通过 Internet 传递图形，就需要使用电子出图（ePlot）特性创建 DWF 的图形文件。DWF 文件可在任何装有网络浏览器和 Autodesk WHIP！插件的计算机中打开、查看和输出。

选择"文件"→"网上发布"命令，可以打开"网上发布"向导，如图 5-6 所示，即使不熟悉 HTML 代码，也可以方便、迅速地创建格式化 Web 页，该 Web 页包含有 AutoCAD 图形的 DWF、PNG 或 JPEG 等格式图像。一旦创建了 Web 页，就可以将其发布到 Internet。

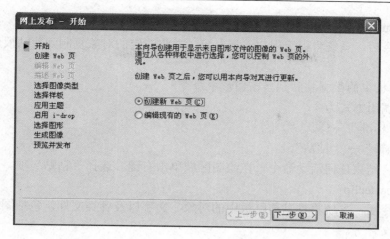

图 5-6　"网上发布"向导对话框

模块 2　AutoCAD 图形格式转换

在 AutoCAD 中可利用剪贴板、OLE 等方式来与其他 Windows 应用程序进行交互，如电子表格、文字处理文档和动画图像等程序。此外，AutoCAD 还可以通过图形转换来使用或创建其他格式的图形。

一、利用剪贴板转换图形格式

剪贴板是 Windows 系统中各应用程序之间进行数据交换的主要方式之一，AutoCAD 中提供了多个命令来使用剪贴板。

1. 将对象复制到剪贴板命令

工具栏："标准"→ 🗋。

菜单："编辑"→"复制"。

快捷菜单：结束任何活动命令，在绘图区域单击右键，选择"复制"项。

命令行：copyclip

调用该命令后，系统将提示用户选择对象，并将选定的对象复制到剪贴板中。

2. 带基点复制命令。

菜单："编辑"→"带基点复制"。

快捷菜单：结束任何活动命令，在绘图区域单击右键，选择"带基点复制"项。

命令行：copybase

调用该命令后，系统将提示用户指定基点、选择对象，并将选定的对象以指定的基点复制到剪贴板中。当 AutoCAD 将复制对象粘贴到同一图形或其他图形时，可利用该基点来定位。

3. 剪切命令

工具栏："标准"→ ✂。

菜单："编辑"→"剪切"。

快捷菜单：结束任何活动命令，在绘图区域单击右键，选择"剪切"项。

命令行：cutclip

调用该命令后，系统将提示用户选择对象，并将选定的对象复制到剪贴板后从图形中删除此对象。

4. 将剪贴板中的数据粘贴到当前图形中命令

该命令的调用方式为：

工具栏："标准"→ 🗒。

菜单："编辑"→"粘贴"。

快捷菜单：结束任何活动命令，在绘图区域单击右键，选择"粘贴"项。

命令行：pasteclip

调用该命令后，系统将粘贴剪贴板中的对象、文字以及各类文件，包括图元文件、位图文件和多媒体文件等。

5. 选择性粘贴命令

该命令用于在插入剪贴板数据的同时对数据格式进行设置，其调用方式为：

菜单："编辑"→"选择性粘贴…"。

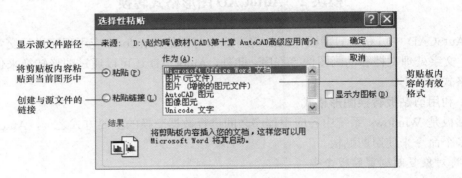

图 5-7 "选择性粘贴"对话框

命令行：pastespec（或别名 pa）

调用该命令后系统将弹出"选择性粘贴"对话框，如图 5-7 所示，用户可在对话框中设置粘贴文件的文件格式和链接选项。

6. 块粘贴命令

菜单："编辑"→"粘贴为块"。

快捷菜单：终止任何活动命令，在绘图区域单击右键，选择"粘贴为块"项。

命令行：pasteblock

调用该命令后，系统提示用户指定块的插入点，并将复制的对象作为块插入到图形中。

7. 粘贴到原坐标命令

菜单："编辑"→"粘贴到原坐标"。

快捷菜单：终止任何活动命令，在绘图区域单击右键，选择"粘贴到原坐标"项。

命令行：pasteorig

调用该命令后，系统将剪贴板中的对象粘贴到新图形，对象在新图形中的坐标值与原图形相同。

8. 粘贴为超级链接命令

菜单："编辑" → "粘贴为超级链接"。

命令行：pasteashyperlink

调用该命令后，系统提示用户指定一个对象，并将剪贴板中的对象作为超级链接附着在该对象上。

二、对象链接与嵌入（OLE）

1. OLE 简介

OLE（Object Linking and Embedding，对象链接与嵌入）是一个 Microsoft Windows 的特性，它可以在多种 Windows 应用程序之间进行数据交换，或组合成一个合成文档。Windows 版本的 AutoCAD 系统同样支持该功能，可以将其他 Windows 应用程序的对象链接或嵌入到 AutoCAD 图形中，或在其他程序中链接或嵌入 AutoCAD 图形。使用 OLE 技术可以在 AutoCAD 中附加任何种类的文件，如文本文件、电子表格、来自光栅或矢量源的图像、动画文件甚至声音文件等。

链接和嵌入都是把信息从一个文档插入另一个文档中，都可在合成文档中编辑源信息。它们的区别在于：如果将一个对象作为链接对象插入到 AutoCAD 中，则该对象仍保留与源对象的关联。当对源对象或链接对象进行编辑时，两者将都发生改变。而如果将对象"嵌入"到 AutoCAD 中，则它不再保留与源对象的关联。当对源对象或链接对象进行编辑时，将彼此互不影响。

2. 在 AutoCAD 中插入 OLE 对象

在前面已经学习了将剪贴板中的数据粘贴到 AutoCAD 中，其中如果使用"选择性粘贴" Paste Special 的方式，并在"选择性粘贴"对话框中指定"粘贴链接"时，则剪贴板内容作为链接对象粘贴到当前图形中。除此之外，其他命令都是以嵌入的形式来使用剪贴板中的数据。

此外，用户还可以将选定的数据和图形从另一个正在运行的应用程序窗口拖动到当前图形中，也可实现将整个文件作为 OLE 对象插入到 AutoCAD 图形中。其他的命令调用方式为：

工具栏："插入" → 📑 。

菜单："插入" → "OLE 对象…"。

命令行：insertobj（或别名 io）

调用该命令后，系统将弹出"插入对象"对话框，如图 5-8 所示。

如果在对话框中选择"新建"选项，则 AutoCAD 将创建一个指定类型的 OLE 对象并将它嵌入到当前图形中。"对象类型"列表中给出了系统所支持的链接和嵌入的应用程序。如果在对话框中选项"从文件创建"选项，则提示用户指定一个已有的 OLE 文件，如图 5-9 所示。

用户可单击 浏览(B)… 按钮来指定需要插入到当前图形中的 OLE 文件。如果用户选择"链接"选项，则该文件以链接的形式插入，否则将以嵌入的形式插入到图形中。

关闭该对话框，OLE 对象即插入到当前图形中。双击 OLE 对象，通过"OLE 对象"特性选项板可设置 OLE 对象的位置、大小、比例等，如图 5-10 所示。

图 5-8 "插入对象"对话框　　　　　　　　　图 5-9 "从文件创建"选项

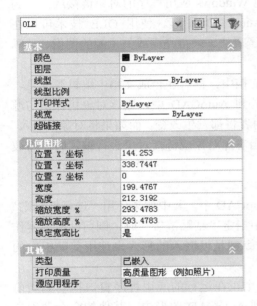

图 5-10 "OLE 对象"特性选项板

3. 在图形中编辑 OLE 对象

通过双击对象打开源应用程序，可以在图形中编辑链接或嵌入的 OLE 对象。在 AutoCAD 中可以使用任何一种选择方法来选择 OLE 对象，然后使用大部分的编辑命令、"特性"选项板或夹点对其进行修改。使用夹点更改 OLE 对象的大小时，如果在"特性"选项板中锁定宽高比，对象的形状就不会改变。断开、倒角、圆角、加长等编辑命令不适用于 OLE 对象。

三、图形格式转换

在 AutoCAD 中，用户可以使用由其他应用程序创建的文件和在早期版本的程序中创建的文件。在与其他格式的图形进行数据交换时，主要通过以下几种方法进行图形格式的转换：

（1）输入、附着或打开其他文件格式。

（2）将图形以其他文件格式输出。

（3）使用不同版本和应用程序中的图形。

可以共享 AutoCAD 和 AutoCAD LT 中的图形文件、早期版本的图形文件和包含自定义对象的图形文件。但在某些情况下有限制。

1. 在 AutoCAD 中使用其他格式的图形文件

除了 DWG 文件以外，还可以将使用其他应用程序创建的文件在图形中输入、附着或打开文件，并可进行格式转换。其调用方式为：

工具栏："插入"→ 📷。

菜单："文件"→"输出…"。

命令行：import（或别名 imp）

调用该命令后，AutoCAD 将弹出"输入文件"对话框，如图 5-11 所示。用户可选择 WMF、SAT、3DS 和 DNG 格式的文件。

WMF（Windows 图元文件格式）文件经常用于生成图形所需的剪贴画和其他非技术性图像。

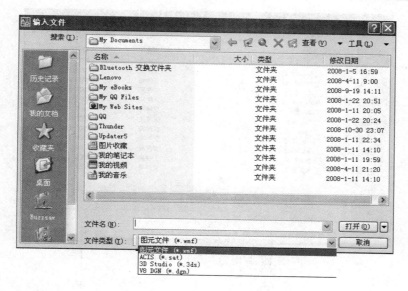

图 5-11　"文件输入"对话框

SAT 文件是使用 ACISIN 命令存储的几何图形对象（ASCII）。

3DS 文件是使用 3D Studio®创建的。

DGN 文件是使用 MicroStation V8 创建的图形文件，通过输入和输出功能可以实现 MicroStation V8 DGN 文件和 AutoCAD DWG 文件之间的数据交换。

另外，也可以通过附着和打开方式使用几种常见格式的图形文件：

（1）通过"插入"菜单"DWF 参考底图..."或 ，将 DWF 文件作为参考底图附着。

（2）通过"插入"菜单"DGN 参考底图..."或 ，将存储在 MicroStation DGN 文件中的二维几何体作为参考底图进行附着。

（3）通过"插入"菜单"光栅图像参照..."或 ，可以将光栅图像添加到基于矢量的图形中，并进行相关的操作。

（4）通过"文件"菜单"打开..."或 ，在"选择文件"对话框的"文件类型"框中选择"DXF （*.dxf)"，DXF（图形交换格式）文件是图形文件的二进制或 ASCII 表示法。它通常用于在其他 CAD 程序之间共享图形数据。通过打开 DXF 或 DXB 文件并将其保存为 DWG 格式，可以将该文件转换为 DWG 格式。然后用户可以像使用其他任何图形文件一样使用结果图形文件。

（5）通过"插入"菜单"二进制图形交换..."，可选择要输入的 DXB 文件，DXB（图形交换二进制）文件是 DXF 文件用于打印的一种特殊的二进制编码格式文件，可以用于将三维线框图形"展平"为二维矢量。

2. 在 AutoCAD 中创建其他格式的图形文件

同样，在 AutoCAD 中也可以用其他文件格式来保存对象，该命令的调用方式为：

菜单："文件"→"输出..."。

命令行：export（或别名 exp）

调用该命令后，AutoCAD 将弹出"输出数据"对话框，如图 5-12 所示。

图 5-12 "输出数据"对话框

对于其他常用的文件格式的输出，AutoCAD 也提供了相应的专用命令，如表 5-2 所示。

表 5-2   文 件 输 出 命 令

命 令	作 用	说 明
3DDWF 或 PLOT	以 DWF 格式输出	高度压缩的 Web 二维矢量图格式
WMFOUT	以 WMF 格式输出	Windows 图元文件格式
ACISOUT	以 SAT 格式输出	ACIS 实体对象文件格式
STLOUT	以 STL 格式输出	实体对象立体印刷文件格式
PSOUT	以 EPS 格式输出	封装 PostScript 文件格式
ATTEXT	以 DXX 格式输出	属性提取 DXF 文件格式
BMPOU 或 PLOT	以 BMP 格式输出	Windowsexport 的位图文件格式
WBLOCK	以 DWG 格式输出	AutoCAD 图形文件格式（外部块）
DGNEXPORT	以 DGN 格式输出	输出 MicroStation V8 DGN 图形

3. 以电子打印方式创建其他格式图形文件

在 AutoCAD 中，常常利用打印命令中的光栅驱动程序来打印到文件，即以电子打印的方式来实现包括 Windows BMP、CALS、TIFF、PNG、TGA、PCX 和 JPEG 等光栅图形的输出发布。

PDF 文件是目前使用普遍的便携电子文件，与前述的 DWF6 文件类似，PDF 文件是基于矢量格式生成的，图形精度高，文件小巧，可以方便地在 Adobe Reader 阅读器（可从 Adobe 网站免费获取）中查看和打印。使用 DWG to PDF 驱动程序，可以方便利用电子打印方式，从图形中创建 PDF 格式文件。

在 AutoCAD 中打印 PDF 文件的步骤如下：

（1）依次单击"文件"菜单→"打印"。

（2）在"打印"对话框（见图 5-13）的"打印机/绘图仪"下的"名称"列表中选择 DWG to PDF.pc3 配置。

图 5-13　"打印 PDF 文件"的打印机设置

（3）根据需要为 PDF 文件选择打印图纸、范围、比例、样式等设置，单击"确定"。

（4）在"浏览打印文件"对话框中，选择一个输出路径位置，并输入 PDF 文件的文件名。

（5）单击"保存"。

注意：CAD 程序间通用的图形交换格式——DXF 格式一般采用"另存为"（save as）命令方式保存。对于含有教育印戳的 CAD 图纸，若想去除印戳，可以先将文件存储为 dxf 格式，再打开该文件将其重新另存为 dwg 格式，即可完成。

模块 3　AutoCAD 图样与其他软件结合应用

一、AutoCAD 工程图样与 Word 文字的混排

在撰写科技论文、教材、制作电子演示稿时，常常需要插入一些图形来增强说服力，Word 提供的"绘图"工具虽然能绘制一些简单的图形，但在图形的精确给定、编辑和调整上都极为不便。因此，在 Word 文档中使用 AutoCAD 图形实现图文并茂就显得意义很大，在实践中常常采用以下几种办法。

1. 利用剪贴板功能

首先在 AutoCAD 环境中将图形绘制好之后，利用 AutoCAD 缩放功能将需处理的图形放大到充满整窗口，用窗选方式框取窗口中所有对象，再单击"编辑"下的"复制"，将 AutoCAD 图形拷贝到剪贴板。进入 Word 文档中，单击工具栏中的"粘贴"按钮，即将 AutoCAD 图形

入 Word 文档中。

具体的操作步骤：

（1）用 AutoCAD 软件打开将要插入的图形（.dwg 格式）。

（2）注意图层颜色的控制：在 AutoCAD 中绘图前定义了一些图层，因此绘制的图形含有多种颜色，为了能在 Word 文档中的白色背景中看清这些线条，需要将各图层的颜色变成白色（黑色背景下），以获黑白图形。方法如下：打开图层特性管理器，将所有定义了的图层的颜色改为白色，然后单击"确定"。

（3）尽可能地增大窗口尺寸：在利用 Windows 剪贴板前，在 AutoCAD 环境中应尽可能地增大窗口寸，选中要插入的部分，并以最大的比例在窗口中显示。单击"格式"→"线宽"命令，打开线宽设置话框，将滑块拖动到"默认"位置，然后单击【确定】按钮。

（4）再次选中要插入的部分，按下"复制"，然后切换到 Word 文档中，将光标移动到欲插入图形位置，单击"粘贴"（一般默认为嵌入 OLE 对象）将图形粘贴到光标所在的位置，如图 5-14（a）所示。双击粘贴到 Word 文档中的图形，这时将切换到 AutoCAD 软件中并打开另外一个窗口。将此窗口状态栏中的【线宽】按钮置为"按下"状态。单击【保存】按钮，切换到 Word 文档中，刚才的图形将显示线宽［如图 5-14（b）所示］，如果在"选择性粘贴"中选择"转换为图片"，其效果如图 5-14（c）所示。

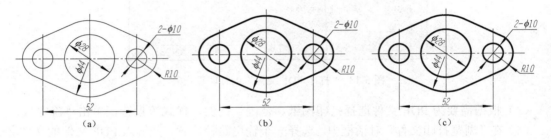

图 5-14　利用剪贴板功能插入到 Word 中的图形
（a）未设置线宽的图形效果；（b）设置线宽的图形效果；（c）转换为位图的图形效果

2. 把 AutoCAD 中的矢量图转换成位图

把 AutoCAD 中的转换成位图，最简单的方法是使用键盘上的 Print Screen 键"抓屏"，再在其他应用软件中作粘贴、裁剪处理。这种方法简单、方便快捷，但在使用过程中要注意控制好图形的显示比例和精度。

另外，利用前述中剪贴板的"选择性粘贴"、AutoCAD 中的输出命令、电子打印以及一些专门的 CAD 位图转换小软件，均可以将矢量图转换成位图。

3. 文字及图形的编辑排版

（1）文字按要求在 Word 中输入及编辑后，用前述方法插入 AutoCAD 图形（.dwg）或图片（＊bmp），此时图形或图片处于激活状态，四周有 8 个控制点。

（2）将光标置于 4 个角的控制点，光标变为双向箭头，按住鼠标左键拖动，可改变图形大小，直到满足要求后放开。

（3）单击鼠标右键选择"显示图片工具栏"，单击"设置图片格式"：

1）选择"大小"选项，弹出尺寸缩放对话框。根据需要在对话框中输入适当的数值，就可得到所需尺寸的图片。

2）选择"版式"选项，弹出环绕方式对话框，选择合适的环绕及对齐方式，以确定图文之间的位置，单击"确定"。

（4）将光标置于图形或图片内，按住鼠标左键拖至所需位置放开，就可得到图文合一的文档。

二、AutoCAD 工程图样与 Excel 表格的运用

在工程绘图中往往涉及很多的计算，有时还要输入很多点坐标和绘制大量的表格，尽管 AutoCAD 2008 的表格功能得到了进一步的加强，但是在绘图中适时地利用 Excel 软件的功能，进行各种工程计算，创建工程数据表格，输入工程数据等，能大大提高工程作图的效率和准确性。

在 AutoCAD 中绘制不规则曲线时需要输入大量的坐标点，可以利用 Excel 软件方便地输入数据，并将表格数据处理为 AutoCAD 绘图所需的坐标点（X，Y，Z）格式的数据，并把这一系列的 Excel 坐标格式的数据直接复制的 AutoCAD 软件中，快速完成作图。具体的方法和步骤如下所述。

1. Excel 表格数据的录入和生成

在 Excel 表格中分别依次录入不规则曲线各点的 X 坐标、Y 坐标和 Z 坐标于 A、B、C 三列中，然后再将 A 列、B 列和 C 列的坐标值通过 Excel 的数据合并填充的 D 列，即（X，Y，Z），其公式表达式为：＝A 列的数据&","&B 列的数据&","&C 列的数据，并利用自动填充柄对在 D 列中生成（X，Y，Z）数据格式进行复制，完成 D 列数据合并。

2. AutoCAD 绘图时数据的调入

首先在 Excel 表格中选取 D 列数据并复制，打开 AutoCAD，选取相应的命令，如：选取【绘图】→【三维多义线】，在屏幕下方出现命令提示行"指定多段线的起点:"，移动鼠标至该提示行尾，点击鼠标右键，点击"粘贴"命令，将 D 列数据输入到命令行，此时 AutoCAD 绘图区出现该不规则曲线。

另外，通过将在 Excel 或 Word 中制作的复杂的表格，复制到剪贴板中，在 AutoCAD 中通过【编辑】→【选择性粘贴】，将 Excel 或 Word 表格转化为 AutoCAD 图元后再粘贴，可以方便地制作出能编辑线条和文字的表格。这些方法的运用都可以有效地提高各软件的使用效率。

习 题 与 操 作 练 习

一、理论题

1. 可以用（   ）命令把 AutoCAD 中的图形转换成图像格式（如 bmp、eps 、wmf）。

    A. 保存　　　　　　　　　　　　　　　B. 发送

    C. 另存为　　　　　　　　　　　　　　D. 输出

2. 关于 AutoCAD 的 Internet 功能，你认为描述正确的（   ）。

    A. 利用 AutoCAD 软件可以直接访问 Web 站点

    B. 利用 AutoCAD 软件可以下载和保存相关的图形文件

    C. 利用 AutoCAD 软件可以插入 Web 站点的超链接

    D. 利用 AutoCAD 软件可以发布 Web 网页

二、操作题

1. 练习将自己绘制的图形文件发布到 Web。

2. 抄绘图 5-15 所示变压器 10kV 开关柜交流电流电压回路电路图。

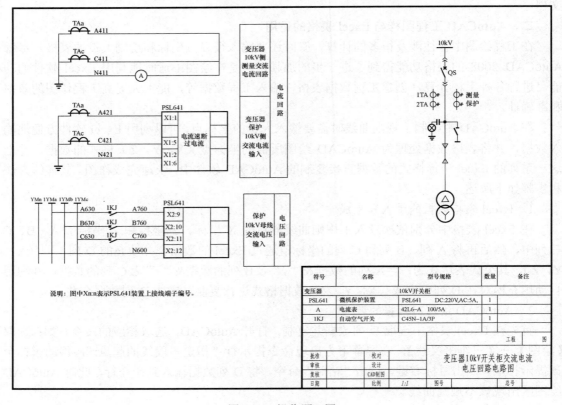

说明：图中Xn:n表示PSL641装置上接线端子编号。

符号	名称	型号规格	数量	备注
变压器		10kV开关柜		
PSL641	微机保护装置	PSL641 DC:220V,AC:5A,	1	
A	电流表	42L6–A 100/5A	1	
1KJ	自动空气开关	C45N–1A/3P	1	
			工程	图
批准		校对		变压器10kV开关柜交流电流
审核		设计		电压回路电路图
复核		CAD制图		
日期		比例	1:1	图号	总号

图 5-15   操作题 2 图

附录 四川省电力公司生产人员岗位技能考核标准

附表1 　　　　　　　　　　四川省电力公司××岗位技能考核评分细则（一）

考生填写栏	编号： 　姓　名： 　所在岗位： 　单　位： 　日　期：　年　月　日								
考评员 填写栏	成绩： 　考评员： 　考评组长： 　开始时间： 　结束时间：								
考核模块	AutoCAD 的应用	编码	TYBZ00706001～ TYBZ00706016	等级	Ⅱ、Ⅲ	类别	基本 技能	考核 方式 笔试	考核 时限 30min

任务描述：了解计算机辅助绘图与设计的发展概况和趋势，熟练使用 AutoCAD 系统绘制工程图的方法和技能，基本掌握三维图形的绘制

工作规范及要求：

1. 熟悉 AutoCAD 操作界面和命令基本规则，能熟练完成图形文件的管理。
2. 熟悉 AutoCAD 绘图环境的设置方法，能熟练设置图层、线型、线宽、颜色、绘图单位、图纸大小等系统参数。
3. 掌握 AutoCAD 的命令输入方式，能熟练使用绘图工具绘图。
4. 掌握基本图形的选取方式和图形编辑命令，能够灵活运用编辑和修改命令来完成复杂工程图的绘制。
5. 熟悉面域与图形填充的操作步骤和技巧，完成面域创建和图案填充。
6. 熟悉视图缩放、平移命令，能熟练控制图形显示，辅助完成作图。
7. 熟悉 AutoCAD "草图设置"辅助绘图工具的设置，精确绘制图形。
8. 掌握文字样式创建方法，能熟练进行文字的标注与编辑。
9. 掌握尺寸样式创建方法，能熟练进行图形尺寸的标注与编辑。
10. 熟悉块的属性设置、块创建、插入和编辑方法，能使用块和外部参照高效作图。
11. 熟悉 AutoCAD 设计浏览、查找和插入文件的方法，能利用 AutoCAD 设计中心组织管理图形信息，实现文件间资源共享。
12. 了解三维图形绘制、编辑的基本知识，能利用 AutoCAD 创建基本三维模型。
13. 了解图形输出的参数设置、打印机设置、打印样式设置等，能够输出与打印图纸

考核情景准备：

1. 计算机基本硬件配置：CPU 为 PentiumⅡ以上各个级别、内存为 64MB 以上、显示器（分辨率：1024×768以上，颜色 256 色）、硬盘为 300MB 以上。
2. 计算机软件配置：操作系统为 Windows XP/2000；操作软件为 AutoCAD 2004 或以上版本。
3. 安排上机测试机房，每个考场不超过 25 人，配备两名监考人员。
4. 出题类型：选择题

备注：各项目得分均扣完为止

编码	项目名称	质量要求	满分	扣分标准	扣分原因	扣分	得分
TYBZ00706001	AutoCAD 操作界面和命令基本规则	能熟练完成图形文件的管理，提交的图形文件夹内容完整，文件命名规范；根据监考人员提供下载、解压考试题	5	独立按要求完成操作，不扣分；需要工作人员协助才能完成操作扣 2 分			
TYBZ00706002	设置系统参数与绘图环境	熟悉 AutoCAD 绘图环境的设置方法，能熟练设置图层、线型、线宽、颜色、绘图单位、图纸大小等系统参数；	3	未按要求设置图层及命名每项扣 0.5 分，扣完为止			
		按照题目要求设置图层，命名正确；	2	未按要求设置线型及线型比例每项扣 0.5 分，扣完为止			
		线型规范，粗细分明，比例适当	2	未按要求设置线宽及其显示比例每项扣 0.5 分，扣完为止			

续表

编　码	项目名称	质量要求	满分	扣分标准	扣分原因	扣分	得分
TYBZ00706002	设置系统参数与绘图环境		2	未按要求设置图层颜色每项扣 0.5 分,扣完为止			
			2	未按要求设置绘图单位及精度扣 1 分			
			2	未按要求设置绘图界限扣 1 分			
TYBZ00706003	使用绘图工具绘图	掌握工具栏的显示和隐藏的方法,熟悉常用的绘图工具栏及功能	2	能根据需要熟练使用所需的工具栏,不能正确操作打开和关闭扣 1 分			
TYBZ00706004	绘制二维图形对象	掌握坐标输入点、直线、矩形、正多边形、圆、圆弧、椭圆、椭圆弧、多段线、样条曲线、多线等基本二维图形的命令操作方式;　能熟练绘制简单的二维平面图	12	要求绘制三个指定的电气图形符号,能按要求抄绘基本的二维工程图,作图正确规范,不扣分;绘制错误每处扣 1 分;绘制不规范每处扣 0.5 分,注意扣分总量要控制在图形完成的百分比范围内			
TYBZ00706005	面域与图形填充	熟悉面域与图形填充的操作步骤和技巧,完成面域创建和图案填充	4	未按要求完成图案填充命令操作扣 4 分;填充的图案错误扣 2 分,比例不适当扣 1 分			
TYBZ00706006	控制图形视图	熟悉视图缩放、平移命令,能熟练控制图形显示,辅助完成作图	4	未按要求完成视图缩放、平移命令操作扣 2 分			
TYBZ00706007	使用精确绘图工具	熟悉 AutoCAD "草图设置"辅助绘图工具的设置,精确绘制图形	4	图线规范、连接准确、查询尺寸无误,不扣分;未按要求的坐标绘图扣 1 分,连接错误每处扣 1 分,扣完为止			
TYBZ00706008	选择与编辑图形对象	掌握对象的选择和编辑对象的方法。对象的选择、放弃、重做、删除和恢复,对象的复制、镜像、偏移和阵列,对象的移动、旋转、对象的修剪、打断和合并,对象的缩放、拉伸、拉长和延伸,对象的倒角、圆角、对象的分解、多段线和多线编辑、夹点编辑、对象特性窗口的使用等基本命令的使用操作方法;	16	1. 图形布置匀称,规范清晰,不扣分;布图不匀称,扣 1 分;图形布置总体不超过 2 分;　2. 图形中线型应用规范,粗细、类别分明,比例适当,不扣分;线型应用错误,每处扣 0.5 分,线型应用总体 3 分,扣完为止;			

编 码	项目名称	质量要求	满分	扣分标准	扣分原因	扣分	得分
		能够灵活运用编辑和修改命令来完成复杂工程图的绘制		3. 能按要求抄绘较复杂的二维工程图,作图正确规范,不扣分;绘制错误每处扣 1 分;绘制不规范每处扣 0.5 分 注意扣分总量要控制在图形完成的百分比范围内			
TYBZ00706009	创建与编辑文字	掌握文字样式创建方法,能熟练进行文字的标注与编辑	6	文字标注清晰、正确,不扣分;未按要求创建文字格式扣 2 分;文字规格、输入错误等每处扣 0.5 分,扣完 2 分为止			
TYBZ007060010	标注图形尺寸	掌握尺寸样式创建方法,能熟练进行图形尺寸的标注与编辑	15	能按要求进行尺寸样式创建和完成尺寸标注,所注尺寸完整、规范,未按要求创建标注样式扣 2 分;标注错误或漏标注每处扣 1 分;标注不清楚、不规范每处扣 0.5 分,注意扣分总量要控制在标注完成的百分比范围内			
TYBZ007060011	使用块和外部参照	熟悉块的属性设置、块创建、插入和编辑方法,能使用块和外部参照高效作图	4	未按要求完成图块创建、插入操作的,扣 4 分;创建图块的基准、属性等错误,每项扣 0.5 分,扣完 2 分为止;插入图块比例、位置等错误,每项扣 0.5 分,扣完 2 分为止			
TYBZ007060012	使用 AutoCAD 设计中心	熟悉 AutoCAD 设计浏览、查找和插入文件的方法,能利用 AutoCAD 设计中心组织管理图形信息,实现文件间资源共享	2	未按要求完成在 AutoCAD 设计中心插入图块、图层、文字样式、标注样式等图形文件信息的操作的扣 4 分			
TYBZ007060013	绘制三维图形	了解三维图形绘制、编辑的基本知识,能利用 AutoCAD 创建基本三维模型	3	未按要求完成三维模型创建扣 3 分;错误一处扣 1 分,扣完为止			
TYBZ007060014	编辑三维图形	了解三维图形绘制、编辑的基本知识,能利用 AutoCAD 创建基本三维模型	2	未按要求完成三维模型编辑扣 2 分;错误一处扣 1 分,扣完为止			

编　码	项目名称	质量要求	满分	扣分标准	扣分原因	扣分	得分
TYBZ007060015	输出与打印图纸	了解图形输出的参数设置、打印机设置、打印样式设置等，能够输出与打印图纸	6	未按要求完成输出与打印图纸的操作，扣 4 分；打印设置不正确，每处扣 0.5 分，扣完为止			
TYBZ007060016	AutoCAD 与 Internet 链接	了解在 Internet 上使用 AutoCAD 的方法	2	未按要求完成相关操作扣 2 分			
	合计		100				

附表 2　　　　四川省电力公司××岗位技能考核评分细则（二）

考生填写栏	编号：　　　姓　名：　　　所在岗位：　　　单　位：　　　日　期：　　年　月　日								
考评员填写栏	成绩：　　　考评员：　　　考评组长：　　　开始时间：　　　结束时间：								
考核模块	AutoCAD 的应用	编码	TYBZ00706001～TYBZ00706016	等级	Ⅲ、Ⅳ	类别	基本技能	考核方式 上机测试 考核时限	30min
任务描述	了解计算机辅助绘图与设计的发展概况和趋势，熟练使用 AutoCAD 系统绘制工程图的方法和技能，基本掌握三维图形的绘制								
工作规范及要求	1. 熟悉 AutoCAD 操作界面和命令基本规则，能熟练完成图形文件的管理。 2. 熟悉 AutoCAD 绘图环境的设置方法，能熟练设置图层、线型、线宽、颜色、绘图单位、图纸大小等系统参数。 3. 掌握 AutoCAD 的命令输入方式，能熟练使用绘图工具绘图。 4. 掌握基本图形的选取方式和图形编辑命令，能够灵活运用编辑和修改命令来完成复杂工程图的绘制。 5. 熟悉面域与图形填充的操作步骤和技巧，完成面域创建和图案填充。 6. 熟悉视图缩放、平移命令，能熟练控制图形显示，辅助完成作图。 7. 熟悉 AutoCAD "草图设置"辅助绘图工具的设置，精确绘制图形。 8. 掌握文字样式创建方法，能熟练进行文字的标注与编辑。 9. 掌握尺寸样式创建方法，能熟练进行图形尺寸的标注与编辑。 10. 熟悉块的属性设置、块创建、插入和编辑方法，能使用块和外部参照高效作图。 11. 熟悉 AutoCAD 设计浏览、查找和插入文件的方法，能利用 AutoCAD 设计中心组织管理图形信息，实现文件间资源共享。 12. 了解三维图形绘制、编辑的基本知识，能利用 AutoCAD 创建基本三维模型。 13. 了解图形输出的参数设置、打印机设置、打印样式设置等，能够输出与打印图纸。 14. 了解在 Internet 上使用 AutoCAD 的方法								
考核情景准备	1. 计算机基本硬件配置：CPU 为 PentiumⅡ以上各个级别、内存为 64MB 以上、显示器（分辨率：1024×768以上，颜色 256 色）、硬盘为 300MB 以上。 2. 计算机软件配置：操作系统为 Windows XP/2000；操作软件为 AutoCAD 2004 或以上版本。 3. 安排上机测试机房，每个考场不超过 25 人，配备两名监考人员。 4. 测试方式：包括笔试和上机测试两种方式								
备　注	各项目得分均扣完为止								

序号	项目名称	质量要求	满分	扣分标准	扣分原因	扣分	得分
1	AutoCAD 文件管理	能熟练完成图形文件的管理，提交的图形文件夹内容完整，文件命名规范；根据监考人员提供下载、解压考试题	5	独立按要求完成操作，不扣分；需要工作人员协助才能完成操作扣 2 分			

序号	项目名称	质量要求	满分	扣分标准	扣分原因	扣分	得分
2	设置系统参数与绘图环境	熟悉 AutoCAD 绘图环境的设置方法，能熟练设置图层、线型、线宽、颜色、绘图单位、图纸大小等系统参数； 按照题目要求设置图层，命名正确； 线型规范，粗细分明，比例适当	3	未按要求设置图层及命名每项扣 0.5 分，扣完 2 分为止			
			2	未按要求设置线型及线型比例每项扣 0.5 分，扣完 2 分为止			
			2	未按要求设置线宽及其显示比例每项扣 0.5 分，扣完 2 分为止			
			2	未按要求设置图层颜色每项扣 0.5 分，扣完 2 分为止			
			2	未按要求设置绘图单位及精度扣 1 分			
			2	未按要求设置绘图界限扣 1 分			
3	使用精确绘图工具绘图	掌握工具栏的显示和隐藏的方法，熟悉常用的绘图工具栏及功能	2	能根据需要熟练使用所需的工具栏，不能正确操作每项扣 1 分，扣完为止			
4	绘制二维图形对象	掌握坐标输入、点、直线、矩形、正多边形、圆、圆弧、椭圆、椭圆弧、多段线、样条曲线、多线等基本二维图形的命令操作方式 掌握基本图形的选取方式和图形编辑命令，能够灵活运用编辑和修改命令来完成复杂工程图的绘制	12	图形布置匀称，规范清晰，不扣分；布图不匀称，扣 1 分；图形中线型应用规范，粗细、类别分明，比例适当，不扣分；线型应用错误，每处扣 0.5 分，扣完为止			
			16	能按要求抄绘指定的二维工程图，作图正确规范，不扣分；绘制错误每处扣 1 分；绘制不规范每处扣 0.5 分，注意扣分总量要控制在图形完成的百分比范围内			
			2	图线连接准确、查询尺寸无误，不扣分；查询尺寸错误，每处扣 1 分，扣完为止			
5	面域与图形填充	熟悉面域与图形填充的操作步骤和技巧，能按要求完成面域创建和图案填充操作	4	未按要求完成图案填充命令操作扣 4 分；填充的图案错误扣 2 分；比例不适当扣 1 分			
6	控制图形视图	熟悉视图缩放、平移命令，能按要求熟练控制图形显示，完成操作	4	未按要求完成视图缩放、平移命令操作扣 2 分			
7	创建与编辑文字	掌握文字样式创建方法，能按要求熟练进行文字的标注与编辑操作	6	文字标注清晰、正确，不扣分；未按要求创建文字格式扣 2 分；文字规格、输入错误等每处扣 0.5 分，扣完 2 分为止			

序号	项目名称	质量要求	满分	扣分标准	扣分原因	扣分	得分
8	标注图形尺寸	掌握尺寸样式创建方法,能按要求进行图形尺寸的标注与编辑	15	能按要求进行尺寸样式创建和完成尺寸标注,所注尺寸完整、规范,未按要求创建标注样式扣 2 分;标注错误或漏标注每处扣 1 分;标注不清楚、不规范每处扣 0.5 分,注意扣分总量要控制在标注完成的百分比范围内			
9	使用块和外部参照	熟悉块的属性设置,能按要求进行块创建、插入和编辑方法进行作图	4	未按要求完成图块创建、插入操作的,扣 4 分;创建图块的基准、属性等错误,每项扣 0.5 分,扣完 2 分为止;插入图块比例、位置等错误,每项扣 0.5 分,扣完 2 分为止			
10	使用 AutoCAD 设计中心	了解利用 AutoCAD 设计中心组织管理图形信息,实现文件间资源共享,能按要求完成在 AutoCAD 设计中心插入图块、图层、文字样式、标注样式等图形文件信息的操作	4	未按要求完成在 AutoCAD 设计中心插入图块、图层、文字样式、标注样式等图形文件信息的操作的扣 4 分			
11	绘制、编辑三维图形	了解三维图形绘制、编辑的基本知识,能利用 AutoCAD 创建基本三维模型;可以使用三维编辑命令,在三维空间中移动、复制、镜像、对齐以及阵列三维对象,剖切实体以获取实体的截面,编辑它们的面、边或体	5	未按要求完成三维模型创建扣 3 分;错误一处扣 1 分,扣完为止;未按要求完成三维模型编辑扣 2 分;错误一处扣 1 分,扣完为止			
12	输出与打印图纸	了解图形输出的参数设置、打印机设置、打印样式设置等,能按要求完成输出与打印图纸的操作	6	未按要求完成输出与打印图纸的操作,扣 4 分;打印设置不正确,每处扣 0.5 分,扣完为止			
13	AutoCAD 与 Internet 链接	掌握使用 AutoCAD 从 Internet 打开、保存或插入图形,使用电子传递传送文件,创建和访问超链接图形文件等	2	未按要求完成相关操作扣 2 分			
	合　计		100				